P V Krupakara

Wzmocnione cząstkami czerwonego błota ALUMINIUM 6061 kompozyty na osnowie metalowej

AF209457

P V Krupakara

Wzmocnione cząstkami czerwonego błota ALUMINIUM 6061 kompozyty na osnowie metalowej

Badania nad korozją i właściwościami mechanicznymi

ScienciaScripts

Imprint
Any brand names and product names mentioned in this book are subject to trademark, brand or patent protection and are trademarks or registered trademarks of their respective holders. The use of brand names, product names, common names, trade names, product descriptions etc. even without a particular marking in this work is in no way to be construed to mean that such names may be regarded as unrestricted in respect of trademark and brand protection legislation and could thus be used by anyone.

Cover image: www.ingimage.com

This book is a translation from the original published under ISBN 978-613-8-93830-9.

Publisher:
Sciencia Scripts
is a trademark of
Dodo Books Indian Ocean Ltd. and OmniScriptum S.R.L publishing group

120 High Road, East Finchley, London, N2 9ED, United Kingdom
Str. Armeneasca 28/1, office 1, Chisinau MD-2012, Republic of Moldova, Europe
Managing Directors: Ieva Konstantinova, Victoria Ursu
info@omniscriptum.com

Printed at: see last page
ISBN: 978-620-2-68652-5

Zugl. / Approved by: Praca magisterska złożona w celu uzyskania drugiego stopnia doktora

Spis treści

ROZDZIAŁ 1
WPROWADZENIE

1.1 Definicja korozji

Korozja to degradacja materiału w wyniku reakcji elektrochemicznej lub chemicznej z jego otoczeniem. Istnieją różne formy korozji i są one klasyfikowane jako jednorodne lub ogólne, galwaniczne, wżery, mikrobiologiczne, kruchość i pęcherze wodorowe, pękanie korozyjne naprężeniowe, zmęczenie korozyjne, erozja, kawitacja i korozja międzykrystaliczna. Korozja powoduje wiele problemów dla ludzkości. Uszkadza urządzenia, struktury i środowisko w pobliżu skorodowanych struktur. Jej koszty wahają się od 3,1 do 4,5% produktu krajowego brutto (PKB) w krajach uprzemysłowionych. Roczny koszt korozji w Stanach Zjednoczonych wynosi około 300 mld dolarów. Indie wydają 3,1% swojego produktu krajowego brutto (PKB), lub Indian 32,8 miliardów dolarów, na zapobieganie korozji i kontrolę. Kwota ta, która określa tylko bezpośrednie koszty zapobiegania korozji i kontroli, wynosi około dwóch trzecich rocznych wydatków rządu indyjskiego na zdrowie i edukację, dwa razy więcej niż kwota wydana na badania i rozwój, a także trzy razy więcej niż wydatki na obronę narodową. Szacuje się, że dzięki optymalnym strategiom zarządzania korozją można by zaoszczędzić od 25 do 30 % rocznych kosztów korozji (1, 2).

W ciągu ostatnich trzech dekad kompozyty z osnową aluminiową wzmocnioną cząstkami (MMCs) cieszyły się dużym zainteresowaniem ze względu na zwiększoną odporność na ścieranie, zmniejszony współczynnik rozszerzalności cieplnej (CTE), zwiększony moduł sprężystości i lepszą wytrzymałość w porównaniu z konwencjonalnymi stopami aluminium. Do typowych zastosowań przemysłowych kompozytów aluminiowych wzmacnianych włóknami szklanymi należą: (i) kadłuby statków i pokładówki, (ii) ramy samolotów, silniki, akcesoria, zbiorniki ciśnieniowe na paliwo ciekłe i utleniacze, (iii) bloki silników samochodowych, tłoki, głowice cylindrów, gaźniki, obudowy przekładni, wahacze, zawory hamulcowe i zaciski, (IV) ramy rowerów, (v) zaawansowane urządzenia naprowadzające i lekkie zespoły optyczne (3- 12).

Cząsteczkowe kompozyty aluminiowe są powszechnie wzmacniane cząstkami ceramicznymi, takimi jak korund krzemowo-karbidowy, granat, grafit, mika i popiół lotny. Jednak koszt produkcji tych kompozytów jest wysoki, co ogranicza ich wykorzystanie w wielu projektach inżynierskich. Ostatnio kompozyty ze stopów aluminium wzmocnione kwarcem zostały opracowane (jako potencjalne zamienniki dla konwencjonalnych kompozytów w kilku zastosowaniach) w celu poszerzenia zakresu zastosowań inżynierskich kompozytów aluminiowych z cząstkami stałymi. Kwarc jest bardziej dostępny, ekonomiczny i zawiera cząstki ceramiczne (13-39).

Kompozyt, jak sama nazwa wskazuje, powstaje w wyniku połączenia dwóch lub więcej różnych materiałów w taki sposób, że otrzymany materiał posiada właściwości przewyższające którykolwiek z jego komponentów.

W przeciwieństwie do stopu lub chemicznie zsyntetyzowanego związku, składniki kompozytu nie biorą udziału w reakcji chemicznej, nie rozpuszczają się ani nie łączą całkowicie ze sobą. Niemniej jednak, pozostają one silnie związane ze sobą, zachowując interfejs pomiędzy sobą i działają w zgodzie, aby dać znacznie lepsze osiągi.

1.2 Definicja kompozytów

Kompozyt może być zdefiniowany jako "makroskopijna kombinacja dwóch lub więcej różnych materiałów, które są w zasadzie nierozpuszczalne między sobą, posiadająca rozpoznawalny interfejs między nimi (40).

Kompozyty są wykonywane na zamówienie, aby spełnić szczególne wymagania, takie jak zmniejszenie gęstości lub poprawa sztywności, granicy plastyczności, końcowa wytrzymałość na rozciąganie i odporność na zużycie. .

1.3 Wybór matrycy

Materiał matrycy w kompozycie spełnia dwie bardzo ważne funkcje.

1) Utrzymuje fazę wzmacniania w miejscu

2) Odkształca się i rozkłada obciążenie na wzmocnienie pod
przyłożoną siłę.

Czasami sama matryca jest elementem wzmacniającym klucz, który występuje w niektórych kompozytach z osnową metalową. W innych przypadkach osnowa musi być odporna na różne zakresy temperatur. Może ona przewodzić lub opierać się przewodnictwu elektrycznemu i chronić przed korozją. Może być wybrana ze względu na swoją lekkość, łatwość obsługi i wiele innych właściwości.

3

Jedną z ważnych kwestii w produkcji kompozytów jest sposób, w jaki składniki kompozytu oddziałują na siebie podczas produkcji lub użytkowania i nie powinny reagować chemicznie lub metalurgicznie, co szkodzi obu stronom.

Temperatura użytkowa kompozytu zależy od temperatury topnienia materiału osnowy, reaktywności wzmocnienia, materiałów osnowy oraz właściwości mechanicznych i fizycznych kompozytów w różnych temperaturach. Różne kombinacje włókien i metali mogą być stosowane w różnych zakresach temperatur, od zakresu kriogenicznego do 2760oC.

Metody wytwarzania zależą w dużym stopniu od właściwości osnowy oraz od wpływu wywołanego przez nią na właściwości wzmocnienia.

Wysoka wytrzymałość i udarność stopów osnowy metalowej jest bardzo ważna w przypadku materiałów kompozytowych, ponieważ wzmocnienie jest na ogół liniowe, elastyczne, stałe i samo w sobie nie ma dobrych właściwości udarnościowych. Spoiste matryce metalowe pod wpływem uderzenia ulegają odkształceniom plastycznym pochłaniającym energię, co jest bardzo ważne w wielu dynamicznych zastosowaniach konstrukcyjnych. Swoista matryca pozwala również na stępienie pęknięć i koncentrację naprężeń przez deformację plastyczną i daje lepszą odporność na pękanie (41).

W przypadku doboru matrycy brane są pod uwagę takie czynniki jak gęstość, ciągliwość, wytrzymałość Zachowanie w podwyższonych temperaturach. Generalnie jako materiały na osnowę w MMC stosuje się aluminium, magnez, cynk, tytan, miedź, nikiel ołowiowy.

1.4 Wzmocnienie

Zbrojenie jest na ogół materiałem o wysokiej wytrzymałości, który jest połączony z osnową w celu przeniesienia obciążenia działającego na kompozyt. Musi ono znacznie zmodyfikować mechanizm zniszczenia w korzystny sposób.

Wzmocnienie zwiększa wytrzymałość, sztywność, odporność na temperaturę, odporność na korozję i zapewnia sztywność kompozytów. W doborze zbrojenia uwzględnia się właściwości mechaniczne i fizyczne, mikrostrukturę, morfologię, odporność na korozję i koszty.

4

Wzmocnienie można podzielić na pięć głównych kategorii: 1.cząstka, 2.wisker, 3. włókno ciągłe, 4.włókno krótkie i 5.drut. Spośród wszystkich tych wzmocnień cząstki stałe są częściej stosowane ze względu na względną łatwość procesu produkcyjnego.

1.4.1 Wzmacnianie cząstek stałych

Kompozyty ceramiczne i metalowe, które składają się z mikrostruktury złożonej z cząstek o jednej fazie rozproszonej w drugiej, lub których mikrostruktura składa się z dwóch wzajemnie przenikających się struktur, znane są jako kompozyty wzmacniane cząstkami.

Cząsteczki stałe są najbardziej popularnymi i najtańszymi materiałami wzmacniającymi. Wytwarzają one izotropowe MMC, które są obiecujące dla zastosowań w obszarach konstrukcyjnych.

Cząsteczki stałe są wybierane z następujących powodów:

1. Aby obniżyć koszty
2. Obniżenie Współczynnika rozszerzalności liniowej
3. Zwiększenie przewodności cieplnej
4. Niższa oporność
5. Zwiększyć siłę
6. Zmniejszenie wagi
7. Zwiększenie twardości i sztywności

Czynniki, które wpływają na właściwość powstałego PMMC to:
Średnica cząstki, odstęp międzyprzestrzenny i frakcja objętościowa zbrojenia (42)

Cząsteczki mogą być metalowe lub niemetalowe, podobnie jak matryca. Typowe kombinacje tych możliwości są:

(a) Metale w kompozytach niemetalicznych: Rakietowy materiał pędny jest przykładem kompozytu składającego się z cząstek nieorganicznych, takich jak proszek aluminiowy w elastycznym spoiwie organicznym, takim jak poliuretan.

(b) Metaliczny w kompozytach metalicznych: W przeciwieństwie do stopu, cząsteczka metaliczna w metalu nie rozpuszcza się. Cząstki ołowiu są powszechnie stosowane w stopach miedzi i stali w celu poprawy obrabialności i właściwości tribologicznych w stopach osnowy.

5

(c) Nie-metaliczne w kompozytach metalicznych: Cząsteczki niemetaliczne ceramiki mogą być zawieszone w metalowej matrycy, a powstały w ten sposób kompozyt nazywany jest cementem. Przykładem jest mika w matrycy ze stopów aluminium.

(d) Niemetalowe w kompozytach niemetalowych: Zbrojony beton cementowy.

1.4.2 Wrażenia czuciowe

Wibracje charakteryzują się włóknistymi strukturami jednokrystalicznymi, które nie mają prawie żadnych wad krystalicznych. Ogólnie rzecz biorąc, Whisker posiada pojedynczą dyslokację, która przebiega wzdłuż osi centralnej. Względna swoboda zwichnięć oznacza, że granica plastyczności wiskera jest zbliżona do teoretycznej wytrzymałości materiałów (43).

Liczne materiały, w tym metale, tlenki, węgliki, halogenki i związki organiczne, zostały przygotowane w kontrolowanych warunkach w postaci wiskera, węglika krzemu, azotku krzemu oraz tytanianu węgla i potasu. Spośród nich najlepsze możliwości wzmacniania kompozytów na osnowie metal-matryca wydają się oferować trzepaczki z węglika krzemu.

Aluminium wzmacniane włóknami z węglika krzemu jest szeroko stosowane w pojazdach kosmicznych ze względu na ich wyjątkowe, specyficzne właściwości mechaniczne.

Dużo pracy wykonano przy wytwarzaniu kompozytów na osnowie metalowej przy użyciu trzepaczek. Metoda osadzania z pary wodnej jest szeroko stosowana w preparacji z użyciem wiskera. Wydajność wiskerów w podwyższonej temperaturze jest znacznie lepsza niż jakichkolwiek innych włókien. Niewielka średnica wgłębników oznacza, że ich długości są wystarczające do przeniesienia obciążenia (44-62).

Właściwości fizyczne wiskerów są odpowiedzialne za różną reaktywność chemiczną ze stopem osnowy. Na przykład włókna węglowe o wysokiej wytrzymałości wykazują znacznie wyższą reaktywność chemiczną w stosunku do ciekłego aluminium niż wysokomodułowe włókna węglowe ze względu na ich różne stany krystalizacji (63).

Ogólnie rzecz biorąc, kompozyty na bazie wiskerów są droższe od tych na bazie cząstek stałych, ale oferują wyższą wytrzymałość (64).

1.4.3 Ciągłe wzmacnianie włókien

Włókna ciągłe, w kompozytach nazywane są zazwyczaj włóknami ciągłymi; głównymi włóknami ciągłymi są bor, grafit, korund i węglik krzemu. Włókno jest unikalne dla obciążenia jednokierunkowego, gdy jest zorientowane w tym samym kierunku prostopadłym do orientacji włókien (poprzecznie kierunkowym).

Rodzina wielowłóknowa obejmuje włókna węglowe, węglikowe i korundowe, natomiast rodzina wielowłóknowa oparta jest wyłącznie na borze. Włókna multifilamentowe dostępne są w postaci pojedynczych przędz lub splotów dwu- lub trójwymiarowych. Włókno monofilamentowe z węglika krzemu wytwarzane jest w procesie chemicznego osadzania par przy użyciu rdzenia wolframowego lub węglowego (65).

Chociaż kompozyty wzmacniane włóknami oferują najlepsze połączenie wytrzymałości i sztywności, koszt tych systemów jest bardzo wysoki ze względu na wysokie koszty produkcji włókien ciągłych (66).

1.4.4 Włókna krótkie

Krótkie włókna są długie w porównaniu do ich krytycznej długości i wykazują wysoką wytrzymałość w kompozytach. Dezorientowane krótkie włókna zostały użyte w niektórych kompozytach z osnową aluminiową jako wzmocnienie (67-70).

Włókna tlenkowe, bezpiecznie i kazoo są stosowane głównie do wzmacniania elementów silników samochodowych. Włókna cyrkonowe nie nadają się do kompozytów z osnową metalową z aluminium. Krótkie włókna są nadal używane tylko do celów izolacji ogniotrwałej ze względu na ich niską wytrzymałość w porównaniu z innymi, ale są tańsze niż zarówno włókna ciągłe i wiskery (71).

1.5 Rodzaje kompozytów

W zależności od mikrostruktury, materiały kompozytowe można podzielić na trzy główne rodzaje. Są one:

1. Kompozyty wzmacniane włóknami
2. Kompozyty na osnowie z metali nieszlachetnych
3. Kompozyty na osnowie ceramicznej

1.5.1 Kompozyty wzmacniane włóknami

Są to najważniejsze i najczęściej stosowane lekkie kompozyty, ponieważ mają wysoką wytrzymałość na rozciąganie i moduł sprężystości. Matryca przenosi obciążenie na włókna. Przenoszenie obciążenia odbywa się z włókna, poprzez naprężenia ścinające na styku osnowy włókien.

Ważnymi czynnikami wpływającymi na wydajność kompozytów z osnową włókien są: orientacja, długość, kształt i integralność wiązania pomiędzy włóknem a osnową.

Stosowane są zarówno włókna organiczne jak i nieorganiczne. Włókna organiczne są lekkie, elastyczne i wrażliwe na ciepło, podczas gdy włókna nieorganiczne, w tym szkło, kwarc, bor, wolfram i ceramika są zazwyczaj o wysokiej wytrzymałości, odporne na ciepło i sztywne, ale ma niską absorpcję energii i odporność na zmęczenie. Szkło jest szeroko stosowane włókna, ponieważ ma zalety najniższych kosztów, wysokiej wytrzymałości na rozciąganie, wysokiej udarności i wysokiej odporności chemicznej.

Włókna organiczne są stosowane w zabawkach, artykułach sportowych oraz w przemyśle lotniczym, np. w produkcji skrzydeł samolotów, łopatek śmigłowców, sterów, lotek, części samochodowych itp.

1.5.2 Kompozyty na metalowej matrycy cząstek stałych

Kompozyty składające się z mikrostruktury, która składa się z cząstek o jednej fazie rozproszonej w drugiej fazie, są znane jako kompozyty wzmocnione cząstkami. Cząstki te mogą być okrągłe, kwadratowe lub trójkątne.

Kompozyt wyróżnia się wielkością i stężeniem objętościowym dyspersji. Tutaj wielkość cząstek stałych wynosi co najmniej kilka mikronów i może wzrosnąć do kilkuset mikronów, a ich stężenie objętościowe jest większe niż 25% (zazwyczaj 60%-90%).

Dalsze rozróżnienie między materiałami wzmocnionymi dyspersyjnie a kompozytem cząstek stałych polega na mechanizmie wzmocnienia. Obecna drobna dyspersja wzmacnia stop osnowy poprzez ograniczenie ruchu zwichnięć i zwiększenie naprężeń w celu przełamania lub złamania blokady drogowej.

Kompozyty cząstkowe wzmacniane są hydrostatycznie poprzez skrępowanie napełniaczy osnowy pomiędzy nimi, a także poprzez zwiększenie ich twardości właściwej, w stosunku do fazy osnowy (72).

Trójwymiarowe wzmocnienie w kompozycie cząstek stałych może prowadzić do uzyskania właściwości izotropowych, ponieważ materiał jest symetryczny w trzech płaszczyznach ortogonalnych.

Ponieważ kompozyt w postaci cząstek stałych nie jest jednorodny, właściwości materiału są wrażliwe nie tylko na właściwości składników, ale także na właściwości międzyfazowe i kształty geometryczne układu.

Dzięki starannemu doborowi odpowiednich kombinacji ceramiki lub stopów, możliwe jest zaprojektowanie kompozytów na osnowie cząstek metalu (PMMC), które zapewnią zwiększone właściwości, takie jak odporność na zużycie, moduł sprężystości, wytrzymałość na rozciąganie, gęstość, rozszerzalność cieplną, przewodność cieplną i współczynnik tarcia, odpowiednio do zamierzonego zastosowania (73).

Kompozyty mogą być przygotowywane metodą metalurgicznego lub natryskowego współosadzania. Technika mieszania stopionego metalu minimalizuje reakcje pomiędzy stopionymi stopami osnowy a cząstkami stałymi, a także powinna zapobiegać aglomeracji lub segregacji grawitacyjnej. Dlatego też gęstość wybranych cząstek stałych powinna być podobna do gęstości stopu (74).

Centra zarządzania przepływem cząstek stałych znajdują różne zastosowania w zaawansowanych technologicznie komponentach lotniczych, lotniczych i obronnych, takich jak panele skrzydeł, satelitarne reflektory słoneczne i różne inne precyzyjne komponenty. Stosowane są również w przemyśle samochodowym, drążkach łączących, okładzinach cylindrów, tarczach hamulcowych, zaciskach hamulcowych, wałach napędowych. Stosowany jest również w wyrobach sportowych, takich jak ramy rowerowe, obręcze kół, rakiety tenisowe i głowice kijów golfowych.

1.5.3 Kompozyty na osnowie ceramicznej

Materiały ceramiczne w ogóle charakteryzują się wysoką temperaturą topnienia, wysoką wytrzymałością na ściskanie, dobrym zachowaniem wytrzymałości w wysokich

9

temperaturach oraz doskonałą odpornością na utlenianie. Mają one bardzo pożądane właściwości z punktu widzenia doboru materiału konstrukcyjnego, który może pracować w temperaturze 165oC i wyższej.

Powyższe właściwości są odpowiedzialne za wykorzystanie materiałów ceramicznych w piecach, piecach i innych ogniotrwałych zastosowaniach od wieków. Wiele współczesnych zastosowań ceramiki wymaga jednak materiałów o wysokiej wytrzymałości na rozciąganie, udarność oraz wibracje i szok termiczny. Ze względu na te pożądane właściwości, ceramika może być wykorzystywana do zastosowań w wysokich temperaturach. Kilka głównych słabych stron to stosunkowo niska wytrzymałość na rozciąganie, słaba udarność i słaba odporność na szok termiczny.

Kompozyty na osnowie ceramicznej dzielą się zasadniczo na trzy następujące grupy:

a)   Kompozyty wzmacniane cząstkami stałymi
b)   Kompozyty wzmacniane włóknami ciągłymi
c)   Kompozyty wzmocnione włóknem ciętym i wisker.

Istnieją dwa czynniki, na których opierają się metody badań:
1. Podstawowe rozumienie
2. Charakterystyka.

Podstawowe rozumienie obejmuje zastosowanie testów na wyciąganie pojedynczych włókien i holowanie włókien. Charakterystyka obejmuje próby zginania na rozciąganie i ścinanie oraz moduł sprężystości.

Kompozyty ceramiczne obejmują większość kompozytów typu matryca ceramiczna, takich jak szkło lub ceramika szklana. Istnieją pewne podstawowe różnice pomiędzy kompozytami na osnowie ceramicznej a innymi kompozytami.

W kompozytach na osnowie nieceramicznej duża część przyłożonego obciążenia jest przenoszona przez włókna. Stosunek ten jest bardzo wysoki w kompozytach na osnowie nieceramicznej, podczas gdy w kompozytach na osnowie ceramicznej jest niski. Ze względu na ograniczoną plastyczność osnowy i wysokie temperatury wytwarzania w kompozytach na osnowie ceramicznej (CMC), niedopasowanie termiczne pomiędzy

10

komponentami ma bardzo istotny wpływ na wydajność kompozytów na osnowie ceramicznej.

Materiały te (CMC) znajdują również ogromne zastosowanie w przemyśle lotniczym, systemach łączności radarowej, samochodowym i tak dalej.

1.6 Kompozyty na osnowie metalowej

1.6.1 Właściwości kompozytów na osnowie metalowej

Kompozyty na osnowie metalowej posiadają stop na osnowie zawierający wzmocnienia, w tym cząstki (stałe i wydrążone), wiskery oraz krótkie lub ciągłe włókna jako materiały wzmacniające.

Materiały wzmacniające ułatwiają dostosowanie właściwości do MMC, takich jak wytrzymałość na wysokie temperatury, wytrzymałość na rozciąganie, wytrzymałość zmęczeniowa, przewodność cieplna, rozszerzalność cieplna, odporność na zużycie w środowisku pracy i właściwości tłumiące. MMC oferują kilka korzyści, które są bardzo ważne dla ich stosowania jako materiałów konstrukcyjnych.

MMC mają plastyczną matrycę, ale kruche włókna. Włókna ciągłe mogą silnie wiązać się z osnową, dzięki czemu mogą uzyskać maksymalną wytrzymałość w danym kierunku.

Niektóre z właściwości zalecanych w MMC do wykazywania wytrzymałości to: maksymalny odstęp między włóknami dla danej frakcji objętościowej włókien oraz włókna o wysokiej wytrzymałości w terenie i małej gęstości krytycznych wad. Wibracje w ułożeniach włókien mogą powodować znaczne zróżnicowanie włókien i matrycy. Ze względu na ten aspekt, naprężenia termiczne osiągają krytyczne poziomy w MMC. Nawet niewielka zmienność temperatury może powodować naprężenia termiczne w układach kompozytowych; prowadzi to do odkształcenia plastycznego osnowy.

Załóżmy, że maksymalna temperatura cyklu przekracza temperaturę rekrystalizacji osnowy metalowej, uszkodzenia termiczne w MMC zazwyczaj ulegają zmniejszeniu. W takiej sytuacji deformacja plastyczna spowodowana naprężeniami termicznymi powoduje utwardzanie się pracy w matrycy.

Kilka badań przypisuje wzrost reakcji na starzenie się kilku matryc metalowych wynika z dużej gęstości dyslokacji, która jest wynikiem niedopasowania termicznego wzmocnienia i matrycy, a także z obecności interfejsu o wysokiej dyfuzyjności. Włączenie włókien może powodować zmiany we właściwościach osnowy, co musi być analizowane w celu nadania kompozytu optymalnych właściwości.

MMC napotykają na główną wadę porowatości wynikającą ze skurczu matrycy podczas krzepnięcia. Przepływ cieczy staje się problemem ze względu na duże frakcje objętościowe włókien. W związku z tym dyfuzja metalu półstałego może być niemożliwa.

W przypadku kompozytu włóknistego dopuszczono możliwość wystąpienia różnic w mikrostrukturze między osnową metalową a niewzmocnioną. Inne zalety MMC to odporność zmęczeniowa i ciągliwość (75).

Niektóre badania wykazały, że zmniejszenie klastra wisker wzmacniający, liczba i wielkość wisker międzymetalicznych przyczyniły się do zwiększenia trwałości zmęczeniowej. Równomierny rozkład zwichnięć w osnowie metalowej jest spowodowany cyklicznym obciążeniem. Na uszkodzenie zmęczeniowe istotny wpływ ma wytrzymałość wiązań międzyfazowych oraz zmiany długości osnowy i włókien (76).

1.7 MMC w porównaniu z innymi materiałami
Materiały MMC jako klasa oferują znaczne korzyści w porównaniu z innymi klasami materiałów. Główne zalety i wady zostały podsumowane poniżej.

1.7.1 Porównanie z metalami niewzmocnionymi.
Zalety

- Wyższa wytrzymałość właściwa
- Wyższa sztywność właściwa
- Zwiększona odporność na pełzanie w wysokiej temperaturze
- Zwiększona odporność na ścieranie

Wady

- Niższa ciągliwość i plastyczność
- Bardziej skomplikowane i kosztowne metody produkcji

12

1.7.2 Porównanie z kompozytem osnowy polimerowej

Zalety

- Większa wytrzymałość poprzeczna
- Wyższa wytrzymałość
- Lepsza tolerancja uszkodzeń
- Zwiększona odporność na środowisko
- Wyższa przewodność cieplna i elektryczna
- Zdolność do pracy w wyższej temperaturze

Wady

- Mniej rozwinięta technologia
- Mniejsza baza danych o właściwościach
- Wyższy koszt

1.7.3 Porównanie z kompozytami na osnowie ceramicznej

Zalety

- Wyższa ciągliwość i plastyczność
- Łatwość produkcji
- Niższy koszt

Wady

- Możliwość pracy w niższych temperaturach

1.8 Produkcja MMC

W ciągu ostatnich dwóch dekad, w celu optymalizacji struktury i właściwości poszczególnych wzmocnionych MMC (76-89), rozwinęły się różne techniki obróbki.

Ze względu na wybór matrycy, materiału wzmacniającego i rodzajów wzmocnienia, techniki wytwarzania mogą się znacznie różnić.

W związku z tym proces produkcyjny można podzielić na trzy kategorie. (90).

a)   Procesy fazy ciekłej

b)   Procesy półprzewodnikowe

c)   Procesy dwufazowe (ciało stałe-ciecz).

13

1.8.1 Proces fazy ciekłej

Istnieją różne rodzaje metod wytwarzania fazy ciekłej. Są to: odlewanie metodą ściskania, infiltracja ciekłym metalem i współosadzanie natryskowe.

1.8.1 (A) Odlewanie ciśnieniowe

Wiąże się to z efektywnym ładowaniem ciekłego metalu do podgrzanej formy wstępnej zbrojenia, która jest osadzana w metalowej matrycy, a następnie pozwala płynnemu metalowi zestalać się i ściskać go pod wysokim ciśnieniem. W tej metodzie wszystkie adsorbowane i uwięzione gazy zostaną wydalone poprzez wymuszoną infiltrację stopionego metalu do preform z włókien.

Kompozyty produkowane tą metodą są dobrej jakości, a wysoką niezawodną wytrzymałość uzyskuje się poprzez kontrolę parametrów procesu oraz optymalizację mikrostruktury. Wstępna forma jest umieszczana w metalowej matrycy po podgrzaniu do temperatury topnienia o kilka stopni poniżej temperatury topnienia matrycy. Następnie, po podgrzaniu, metal osnowy jest ściskany w preformie z włókien do temperatury topnienia tuż powyżej temperatury topnienia, tworząc mieszaninę włókien i stopionego metalu.

Gnojowica otrzymana przez zmieszanie włókien krótkich jednorodnie z wodą, następnie jest wlewana do formy i odwadniana podczas formowania. Celem tego etapu, w tym procesie, jest uzyskanie jednorodnego rozkładu włókien i wytrzymałości wystarczającej do wstępnego formowania, a także uniknięcie nieuporządkowania włókien podczas procesu infiltracji przez stopiony metal.

Proces ten może być stosowany w produkcji na dużą skalę, ale wymaga starannej kontroli zmiennych procesowych, w tym temperatury wstępnego podgrzewania włókien i ciekłego metalu, elementu stopowego metalu, zewnętrznego chłodzenia, poziomu ciśnienia jakości stopu itp.

Brak kontroli nad tymi zmiennymi procesów powoduje różne wady, w tym klinowanie na zimno, degradację włókien, wtrącenia tlenków i inne typowe wady odlewnicze.

Pomimo wad, takich jak ograniczenie wielkości elementu, zakres skomplikowanych kształtek może być odlewany tą metodą w krótszym czasie, ponieważ produkcja tych odlewów wymaga wysokiego ciśnienia.

1.8.1 (B) Infiltracja ciekłego metalu

Konsolidacja MMC została osiągnięta za pomocą ciekłej infiltracji metalowej. Po reakcji degradacji, zwilżenie jest kontrolowane przez stopowanie matrycy i regulację atmosfery infiltracji.

Tygiel grafitowy może być podgrzewany przez indukcję, która jest stosowana w metodzie odlewania próżniowego, w celu stopienia materiału osnowy, a następnie można pozwolić na jego przepływ przez włókna w formie ceramicznej.

Ogólnie rzecz biorąc, w procesie wsadowym przetwarzane są za pomocą tej aparatury stosunkowo małe odlewy. W procesie odlewania ciągłego, długość pręta może być wykonana na dowolnej rozsądnej długości, to znaczy do długości włókna wzmacniającego, z odpowiednimi zmianami w aparacie. Włókna elementarne poddane kolimacji w tyglu ze stopionym proszkiem są wciągane w sposób ciągły przez kryzę wylotową i cewki chłodzące, które otaczają długą rurkę zamrażalniczą. Włókna są nawilżane przez przepuszczenie ich przez wannę metalową, a następnie wyciągane przez kryzę, tak aby dodatkowy metal został usunięty.

Proces ten można również nazwać infiltracją holowania włókien. Filtry holownicze mogą być infiltrowane poprzez przejście przez wannę ze stopionego metalu. Zazwyczaj włókna muszą być powlekane zgodnie z linią, aby sprzyjać nawilżaniu (91, 92).

Naniesione włókna są łączone w preformę, a następnie poddawane procesowi wtórnej konsolidacji w celu wytworzenia elementu. Konsolidacja wtórna odbywa się na ogół poprzez klejenie dyfuzyjne lub formowanie na gorąco w dwufazowej cieczy i w stanie stałym.

W procesie infiltracji próżniowej taśmy włókniste są indukowane do formy odlewniczej po ułożeniu ich w pożądanym układzie i kształcie. Forma jest następnie infiltrowana roztopionym metalem i pozostawiona do zestalenia po spaleniu spoiwa organicznego, które jest wykorzystywane do przekształcenia przędzy w taśmy użytkowe.

Degradacja wielu włókien w podwyższonej temperaturze, zwilżalność zbrojenia ciekłymi metalami jest główną wadą tej metody.

Chociaż proces infiltracji może być przeprowadzony przy ciśnieniu atmosferycznym i ciśnieniu gazu obojętnego, infiltracja próżniowa jest najlepszą metodą produkcji MMC, ponieważ; lepszą zwilżalność można osiągnąć w tej metodzie, ze względu na aktywność powierzchniową włókien.

Metale takie jak aluminium, magnez, srebro i miedź mogą być stosowane w tym procesie jako materiały na osnowę, ze względu na ich stosunkowo niską temperaturę topnienia. Za pomocą tej metody można wytworzyć stosunkowo małe próbki kompozytowe o właściwościach jednokierunkowych (93).

1.8.2 Technika produkcji półprzewodnikowej

Chociaż dostępnych jest kilka metod, w technice produkcji półprzewodnikowej do wytwarzania MMC, dyfuzyjne klejenie i techniki metalurgii proszków są szeroko stosowane.

1.8.2(A) Łączenie dyfuzyjne

Generalnie do produkcji MMC stosuje się w tej metodzie materiał w postaci osnowy z blachy lub folii oraz wzmocnienia w postaci włókien. Przede wszystkim powierzchnia metalu lub stopów metali w postaci arkuszy i materiału wzmacniającego w postaci włókien jest obrabiana chemicznie pod kątem skuteczności dyfuzji. Włókna są umieszczane na folii metalowej w określonej orientacji, dzięki czemu następuje wiązanie dzięki bezpośredniemu formowaniu w prasie.

Materiał osnowy i włókna wzmacniające są łączone różnymi metodami w zależności od rodzaju włókien.

Wstępnie uformowane materiały kompozytowe są przygotowywane przy użyciu różnych metod, takich jak technika natryskiwania plazmowego, galwanizacja elektrochemiczna i powłoki chemiczne w celu zwiększenia wytrzymałości wiązania przed poddaniem go wiązaniu dyfuzyjnemu.

Wśród powyższych metod powlekania, natrysk plazmowy jest szeroko stosowany, ponieważ jest to stosunkowo prosta technika, o niskich kosztach, a także taka, która może produkować arkusze o dużej szerokości, co pomaga w uzyskaniu dobrej przyczepności między włóknem a matrycą w preformie.

Aplikacja ciśnienia i temperatury może być wykonana przez prasowanie na gorąco lub na zimno. Zwiększa to plastyczną deformację matrycy i usuwa gęstość pustych przestrzeni w kompozycie. W ten sposób poprawia się wytrzymałość kompozytu.

Wiązanie dyfuzyjne w warunkach próżni jest bardziej efektywne niż w warunkach atmosferycznych, ze względu na utrzymanie stosunkowo niskiej temperatury (94, 95).

Obróbka powłok włóknistych przy produkcji fazy stałej nie jest krytyczna, jak w przypadku infiltracji ciekłym metalem. Jednak ciśnienie zastosowane w celu wzmocnienia wiązania dyfuzyjnego może spowodować uszkodzenia (96, 97).

1.8.2(B) Technika metalurgii proszków

Jest to najczęściej stosowana metoda przygotowywania MMC. W metodzie tej można stosować cząstki stałe lub wiskery jako wzmocnienia nieciągłe. W metodzie tej proszki materiałów osnowy i zbrojenia są najpierw mieszane i wprowadzane do formy o pożądanym kształcie, a następnie do dalszego zagęszczania proszku (prasowanie na zimno (98-101).

W celu ułatwienia wiązania między cząstkami proszku, zwartość jest następnie podgrzewana do temperatury, która jest niższa od temperatury topnienia, ale wystarczająco wysoka, aby rozwinąć znaczną dyfuzję fazy stałej (spiekanie). Wymieszana mieszanina może być bezpośrednio prasowana na gorąco. Skondensowany produkt jest następnie wykorzystywany jako materiał MMC po kilku dodatkowych operacjach. Metoda ta jest ekonomiczna w porównaniu z innymi metodami ze względu na brak konieczności topienia i odlewania. Niektóre z zalet tej metody to:

1) Podczas przygotowywania kompozytów można stosować niższą temperaturę w porównaniu z kompozytem na bazie hutnictwa metali. Powoduje to mniejszą interakcję pomiędzy osnową a zbrojeniem, co w konsekwencji minimalizuje niepożądane reakcje międzyfazowe i prowadzi do poprawy właściwości mechanicznych.

2) W niektórych przypadkach techniki metalurgii proszków pozwolą na przygotowanie kompozytów, które nie mogą być przygotowane przez hutnictwo tworzyw sztucznych.

3) W tej metodzie przygotowanie kompozytów w postaci cząstek stałych lub wisker jest generalnie łatwiejsze.

Metoda ta ma jednak pewne wady, są one następujące:

1. Etap mieszania jest czasochłonną, kosztowną i potencjalnie niebezpieczną operacją.

2. Trudno jest osiągnąć równomierne rozłożenie cząstek stałych w produkcie, a stosowanie proszków wymaga wysokiego stopnia czystości, ponieważ zanieczyszczenie produktu może mieć szkodliwy wpływ na wytrzymałość na pękanie, zmęczenie itp.

1.9 Metoda wirowa

W metodzie wirowej do produkcji metalowych kompozytów z cząstkami stosuje się mieszadło wirnikowe. Mieszadło wirnikowe miesza stopiony materiał, co powoduje powstanie wiru. Do tego wiru można wprowadzić cząstki i stopić je za pomocą tego samego mieszadła wirnikowego przy zmniejszonej prędkości obrotowej, dzięki czemu dyspersja cząstek może być skuteczniej kontrolowana po wprowadzeniu 102-105).

Cząstka grafitu pokryta niklem lub miedzią została z powodzeniem wykorzystana w stopach aluminium. Późniejsze badania wykazały, że możliwe jest rozproszenie mniej niż 3 % mas. niepowlekanego, ale poddanego wstępnej obróbce cieplnej (podgrzanego do 400oC w powietrzu przez 1h) grafitu w stopach aluminium topi się metodą wirową (106-110).

Przy użyciu metody wirowej produkowane są różnorodne odlewy grafitowe/ aluminiowe, takie jak łożyska i tłoki, poprzez odlewanie stałe i ciśnieniowe.

1.9.1 Metoda odśrodkowa

Metoda odśrodkowa może być stosowana do skutecznego oddzielania ciężkich lub lekkich dodatków niemetalicznych na zewnątrz i wewnątrz kończyn podczas zestalania części osiowo-symetrycznej. Metoda odśrodkowa pozwala na wykonanie odlewu wzmocnionego cząstkami z warstwą zewnętrzną. W metodzie tej umieszczono w tyglu aluminium - 11% stopu krzemu, cząstkę grafitu oraz cząstkę Al2O3, która została również wykorzystana jako forma i poddana procesowi topienia.

Temperatura topnienia może ulec zestaleniu poprzez zastosowanie siły odśrodkowej. Na koniec pozwolono na oddzielenie się cząstek w zewnętrznej warstwie odlewu; utworzyło to warstwę złożoną z cząstek/Al (111).

1.10 Interfejsy w kompozytach na osnowie metalowej

Interfejs można zdefiniować jako powierzchnię ograniczającą, na której występuje ostra lub stopniowa nieciągłość. Interfejs jest ważny, ponieważ charakterystyka tego obszaru określa przenoszenie obciążenia i odporność na pęknięcia MMC podczas odkształcania. Systematyczne badania interfejsów metal-ceramika zostały zapoczątkowane w roku 1960 (112).

Konieczne jest kontrolowanie interakcji chemicznych, zmniejszenie tworzenia się tlenków i poprawa zwilżania, aby zwiększyć siłę wiązania międzyfazowego w MMC. Interakcje pomiędzy matrycą i wzmocnieniem mogą mieć postać mechanicznego blokowania lub wiązania chemicznego. Gdy wytrzymałość wiązania międzyfazowego przekracza napięcie powierzchniowe cieczy pomiędzy metalem a cieczą, następuje zwilżenie (113).

Nawilżanie uzyskuje się, gdy kąt kontaktu jest mniejszy niż 90 stopni, a siła napędowa do zwilżania przekracza energię międzyfazową cieczy. Na wartość siły napędowej ma wpływ napięcie powierzchniowe cieczy, wytrzymałość powierzchni kontaktu cieczy w stanie stałym, na którą z kolei mają wpływ temperatura, czas i ciepło tworzenia się, reakcje międzyfazowe i efekty termiczne (114).

W systemach z ceramiki stopionej nie jest łatwo uzyskać zwilżenie ze względu na wysokie napięcie powierzchniowe. Zwiększenie energii powierzchniowej ciała stałego i zmniejszenie napięcia powierzchniowego ciekłego metalu powoduje zmniejszenie kąta kontaktu i tym samym zwilżenie.

Cała energia powierzchniowa cząstek ceramicznych jest zwiększona przez zastosowanie powłok metalicznych, takich jak nikiel i miedź. Powoduje to zmianę charakteru interfejsu z metal-ceramika na metal-metal. W związku z tym interakcja na styku osnowy i zbrojenia prowadzi do zwilżenia.

19

Elementy reaktywne, takie jak Mg, Ca, Li i Ti, dodawane do materiału matrycy, które poprawiają właściwości zwilżania układów metaloceramicznych poprzez zmniejszenie napięcia powierzchniowego stopu lub poprzez wywołanie reakcji chemicznej na styku.

W stopach aluminium, na przykład, zwilżenie niektórych rodzajów ceramiki można wzmocnić poprzez dodanie pierwiastków, które mają duże powinowactwo do tlenu, takich jak te z grupy I i II (np. lit i magnez) (115,116).

Nawilżanie w MMC można również poprawić poprzez obróbkę termiczną cząstek ceramicznych. Odbywa się to poprzez odrzucanie adsorbowanych gazów z powierzchni ceramicznej, ponieważ metale o dużej wolnej energii tworzenia tlenków tworzą stabilne tlenki w obecności tlenu, które działają jako skuteczna bariera dyfuzyjna. Jeśli adsorbowany gaz nie zostanie usunięty, tworzenie bariery nie odbywa się na styku (117).

Interfejsy mogą być klasyfikowane w oparciu o reakcje chemiczne zachodzące pomiędzy fazą zbrojeniową a matrycą, jak sugeruje Metcalfe (118).

Trzy rodzaje interfejsów są następujące:

Klasa I: Wzmocnienie i matryca, które są wzajemnie niereagujące
i nierozpuszczalny.

Klasa II: Wzmocnienie i matryca, które są wzajemnie niereagujące
                ale rozpuszczalny.

Klasa: III: Zbrojenie i matryca, które reagują na tworzenie się związku
                /Komponuje się przy interfejsach.

Podobnie, Metcalfe zaproponował również następujące schematy identyfikacji obligacji w kompozytach.

Rodzaje obligacji są:

1. Spoiwo mechaniczne: Proste mechaniczne efekty wpustowe pomiędzy dwoma powierzchniami mogą prowadzić do znacznego stopnia sklejenia. Ewentualne skurczenie się matrycy na zbrojeniu spowodowałoby uchwycenie Lattera przez

pierwszą z nich. Połączenie czysto mechaniczne wymaga braku wszystkich chemicznych źródeł klejenia.

2. Wiązanie chemiczne: Istnieją dwa rodzaje wiązań chemicznych

   i) Rozpuszczanie i zwilżanie wiązania: W tym przypadku oddziaływanie pomiędzy składnikami występuje w skali elektronowej. Ponieważ oddziaływania te mają krótki zasięg, ważne jest, aby składniki te były w intymnym kontakcie ze sobą w skali atomowej. Powierzchnie powinny być poddane obróbce w celu usunięcia zanieczyszczeń. Wszelkie zanieczyszczenia powierzchni wzmocnienia, uwięzione pęcherzyki gazu lub powietrza na styku będą utrudniać kontakt pomiędzy komponentami.

   ii) Wiązanie reakcyjne: W tym przypadku dochodzi do transportu atomów z jednego lub obu komponentów do interfejsu. Transport ten jest kontrolowany przez proces dyfuzji. Powierzchnie polimerowe mogą tworzyć na powierzchni styku splątane wiązania molekularne z powodu dyfuzji cząsteczek matrycy.

Ze względu na reakcje interfacjalne:

1. Jeden lub więcej materiałów w połączeniu może być wzmocniony.
2. Jeden lub więcej materiałów w połączeniu mogą być osłabione przez reakcje.
3. Właściwości komponentów mogą pozostać niezmienione podczas produkcji.

21

ROZDZIAŁ 2
PRZEGLĄD LITERATURY

2.1 Ogólne

Atrakcyjne właściwości fizyczne i mechaniczne, takie jak wysoki moduł właściwy, wytrzymałość i stabilność termiczna, można uzyskać z MMC. Dzięki temu MMC łączą w sobie właściwości metaliczne z ceramicznymi, co prowadzi do większej wytrzymałości przy ścinaniu i ściskaniu oraz wyższych możliwości w zakresie temperatury pracy (119-126).

Zainteresowanie MMC dla przemysłu lotniczego, samochodowego i innych zastosowań strukturalnych wzrosło w ciągu ostatnich kilku lat w wyniku dostępności wzmocnień i rozwoju różnych dróg przetwarzania, które prowadzą do powtarzalnej mikrostruktury i właściwości (127-129).

Tendencja ta zmierza obecnie w kierunku bezpiecznego stosowania MMC jako komponentów w silniku samochodowym, pracującym szczególnie w środowisku o wysokiej temperaturze i ciśnieniu. Typowymi przykładami są: tłok, tuleja cylindrowa, zacisk hamulcowy itp.

W ciągu ostatnich dwóch dekad kompozyty na osnowie metalowej cieszą się szczególnym zainteresowaniem, a najpopularniejsze rodziny reprezentowane są przez aluminium wzmocnione cząstkami ceramicznymi.

Li Guobin Sun Jibing stwierdził w swoich badaniach, że kompozyt Al-Mg-Cu wzmocniony fazami ceramicznymi, takimi jak $MgAl2O4$, MgO i $Mg2Si$, został wyprodukowany w procesie metalurgii proszków, w którym około 20 % mas. zawartości $SiO2$ dodano do matrycy Al-Mg-Cu, a następnie reakcja między nimi miała miejsce podczas procesu spiekania. (191).

M.Ruhle i A.G.Evans twierdzą, że właściwości fizyczne i mechaniczne, które uzyskano za pomocą kompozytów na osnowie metalowej (MMC) uczyniły z nich atrakcyjne materiały kompozytowe dla przemysłu lotniczego, samochodowego i wielu innych zastosowań. Ostatnio, MMC wzmocnione cząstkami stałymi przyciągają dużą uwagę ze względu na ich stosunkowo niskie koszty i charakterystyczne właściwości izotropowe. Materiały wzmacniające obejmują węgliki, azotki i tlenki (192).

Starając się zoptymalizować strukturę i właściwości MMC wzmacnianych cząstkami stałymi, w ciągu ostatnich 20 lat rozwinęły się różne techniki przetwarzania. Metody przetwarzania stosowane do produkcji MMC wzmocnionych cząstkami mogą być grupowane w zależności od temperatury matrycy metalicznej podczas przetwarzania. W związku z tym procesy te można podzielić na trzy kategorie: a) procesy w fazie ciekłej, b) procesy w stanie stałym, oraz c) procesy dwufazowe (ciało stałe-ciecz).

Surappa *i inni* opublikowali metodę przygotowywania odlewanych materiałów kompozytowych z cząsteczek węglika niemetalicznego w matrycy metalicznej, w której cząsteczki są prażone, a następnie mieszane w stopionym stopie metalicznym, aby zwilżyć stopiony metal do cząsteczek, a cząsteczki i metal są ścinane obok siebie, aby ułatwić zwilżenie cząsteczek przez metal (193).

Argon *i inni* badali efekt Bauschingera w stopie odlewniczym Al-7% Si-0,4% Mg dla różnych rozmiarów komórek dendrytycznych i współczynników proporcji cząstek Si. Naprężenia wewnętrzne wzrastają liniowo wraz z nałożonym naprężeniem wstępnym dla szczepów do 0,007, stopniowo nasycając się następnie (194).

2.1.1 Aluminium i jego właściwości
2.1.2 Konkurencyjność kompozytów na osnowie aluminiowej (AMC)

Aluminium jest uniwersalnym, oszczędzającym masę metalem inżynieryjnym, który z powodzeniem udowodnił swój potencjał w większości zastosowań o dużej objętości. Główną przewagą stopów aluminium nad stopami żelaznymi jest ich niski ciężar właściwy. W prawie wszystkich zastosowaniach rośnie zapotrzebowanie na lekkie materiały. Lekkie materiały sprawdzają się w zwiększaniu efektywności paliwowej, a także lepszej zwrotności i komfortu.

W przypadku części lotniczych i rakietowych przyrost masy jest ogromny. Wiele rozwiniętych krajów, takich jak Niemcy, Wielka Brytania, USA i Japonia, zastąpiło wiele żeliwnych części samochodowych stopami aluminium i kompozytami.

2.1.3 Stopy glinu

O.Sverepa, Werkst stwierdził, że w ostatnim czasie pojawiło się pewne zainteresowanie wykorzystaniem stopów aluminium jako materiału alternatywnego dla stali do przetwarzania i przesyłu ropy naftowej, produkowanej w morskim przemyśle naftowym (195).

1. W przypadku stali, korozyjnym składnikiem nieprzetworzonej ropy naftowej jest faza wodna (produkowana woda) zawierająca jony chlorkowe (Cl-) i rozpuszczony dwutlenek węgla (CO_2) oraz gazy siarkowodorowe (H_2S). Stwierdzono, że aluminium jest odporne na te gatunki w różnych kombinacjach, z wyjątkiem obecności jonów metali ciężkich, takich jak miedź.

2 Twierdzono ponadto, że stopy aluminium są lepsze od stali węglowych i są porównywalne z typem 316 (UNS S31600) stali nierdzewnej (SS) pod względem odporności na korozję w środowisku Cl- i przy podwyższonym ciśnieniu CO_2.

A. Mortensen *i inni* znaleźli nowy proces odlewania do produkcji metali wzmocnionych cząstkami, w którym kompozyt fazy wzmocnienia cząstkami w metalu jest najpierw wytwarzany przez infiltrację ciśnieniową. Kompozyt ten jest następnie rozcieńczany w dodatkowym stopionym metalu w celu uzyskania pożądanej frakcji objętościowej wzmocnienia i składu metalu. W wyniku tego procesu powstaje pozbawiony porów, odlewany kompozyt metal-matryca cząstek stałych (196).

Według Ram B. Bhagat *et al*, kompozyty na osnowie aluminiowej wzmocnione planarnymi włóknami grafitowymi, wiskerami SiC lub cząstkami tlenku glinu mogą wykazywać lepszą wydajność nawet w wysokiej temperaturze. Kompozyty były starzone w temperaturze 150 i 200°C przez maksymalnie 500 godzin (197).

R.Mehrabrian *i inni* znaleźli nowy proces przygotowania i odlewania kompozytów zbrojeniowych na osnowie metal-matryca, z cząstkami niemetalowymi. Cząsteczkowe kompozyty z tlenków ceramicznych, węglików i osnowy Al-5 %, Si-2 % Fe otrzymano z powodzeniem od 10 do 30 % mas. Al2O3, SiC oraz do 21 % mas. cząstek szklanych o rozmiarach od 14 do 340 μm i równomiernie rozmieszczono je w ciekłej matrycy o frakcji od 0,4 do 0,45 % mas. stałej zawiesiny stopu (198).

2.1.4 Korozja urządzeń AMC

Już w 1912 r. uznano, że aluminium ulega korozji przez roztwory soli, a ponadto korozja ta jest wzmacniana przez zanieczyszczenia.

24

Kolejni badacze opracowali to zachowanie i powstało ogólne wrażenie, że jon chlorkowy jest unikalny w promowaniu korozji aluminium (199).

Przyspieszenie korozji jonami halogenkowymi zależy w dużym stopniu od parametrów metalurgicznych, elektrochemicznych i innych. Obecność jonów chlorkowych w roztworze może powodować rozległy, miejscowy atak poprzez wchłanianie do słabych części warstwy tlenku utworzonej na powierzchni, tworząc w ten sposób rozpuszczalne kompleksy. Może to być dodatkowo przyspieszone przez kilka mikro strukturalnych cech stopu (200).

Zaobserwowano, że glin był skorodowany w kwasach, takich jak kwas octowy, ale nie był to atak typu pitching. Jednak informacje zebrane przez takie badania były przydatne do sformułowania mechanizmu zlokalizowanego ataku (201).

Kolejne badania nad korozją stopów aluminium przez związki organiczne były liczne i mogą być związane z korozją lokalną, która ma miejsce ze względu na względne tendencje anionów do tworzenia rozpuszczalnych kompleksów (202-228).

Godny uwagi przypadek zilustrował, że złożone tworzenie się w roztworach jonów fluorkowych wzmocniło korozję aluminium w związku z istnieniem fluorku glinu (229-234).

Było oczywiste, że najpoważniejsze przypadki korozji aluminium obejmowały aniony, takie jak halogenki, ale było również oczywiste, że aluminium koroduje w czystej wodzie lub wodzie stosunkowo wolnej od elektrolitów (235-238).

Zasadniczo, stopy aluminium zawdzięczają swoją odporność na korozję dzięki tworzeniu się stabilnej warstwy tlenku na powierzchni metalu aluminiowego w normalnym środowisku. W 1920 r. niektórzy badacze wspominali o zasadniczej roli warstwy tlenku na aluminium, a kolejne raporty podkreślały te cechy zachowania się aluminium. Uznano, że folia tlenkowa może być wytwarzana zarówno przez anodowanie, jak i przez wystawienie na działanie powietrza. Zachęcało to do badania struktury warstwy powstającej na powierzchni metalu i metalu korodującego oraz prób skorelowania jej z szybkością korozji (239-255).

Podaje się, że warstwa tlenku na powierzchni składa się z kompozytu typu Al2O3, Al(OH)3 i AlO(OH), w którym odpowiedni kation glinu jest związany z tlenem lub formami zawierającymi tlen w różnych energiach (256).

Koloidalny charakter wodorotlenku glinu, produkt reakcji i związek pomiędzy tym koloidalnym charakterem a korozją aluminiową został dostrzeżony przez bardzo wczesnych pracowników. Podejście tych naukowców sugeruje, że zastosowanie zasad chemii koloidalnej stanowi alternatywny, użyteczny wkład w zrozumienie mechanizmów korozji (257-261).

Reakcje chemiczne glinu są niezwykłe, w tym sensie, że glin jest amfoteryczny, tj. rozpuszczalny w roztworach kwaśnych, jak również w zasadach. Fakt ten ma duże znaczenie w tworzeniu zlokalizowanego mechanizmu korozyjnego (262-266).

Następujące kroki są związane z lokalną korozją.

1) Reaktywny anion adsorbowany na powierzchni aluminium pokrytego tlenkiem.
2) Reakcja chemiczna adsorbowanego anionu z jonami glinu zachodzi w siatce korundowej lub w wytrąconym wodorotlenku glinu. (może to być reakcja wymiany anionu z siatką)
3) Rozcieńczanie warstwy tlenku odbywa się na skutek jego rozpuszczania (rozpuszczanie jest spowodowane penetracją agresywnego anionu przez warstwę tlenku).
4) Bezpośredni atak odsłoniętego metalu przez anion, ewentualnie wspomagany przez potencjał anodowy (rozchodzenie się wżerów).

2.1.5 Etap adsorpcji

Adsorpcja anionów sprzyjałaby korozji wżerowej na tlenku, który pokrywał powierzchnię aluminium. Stwierdzono również, że jony hydroksylowe lub cząsteczki wody, w przypadku adsorpcji, miałyby tendencję do promowania bierności.

M.C.Chaturvedi *i inni* również uzyskali podobne wyniki podczas badań nad korozją Al z chlorkiem. (267)

Przekonywujące studium przypadku dotyczące roli wad w błonie tlenkowej funkcjonującej jako aktywne ośrodki zostało wykonane przez D.L.Chen. W badaniu tym

D.L.Chen stwierdził zwiększoną adsorpcję i aktywność powierzchniową w niedoskonałościach lub wadach warstwy tlenkowej (268-270).

2.1.6 Wżery aluminiowe.

Wpływ potencjału elektrycznego na korozję aluminium badano w wielu laboratoriach. Zgodnie z tymi badaniami, mechanizm zlokalizowanej korozji aluminium spowodowanej potencjałem elektrycznym obejmuje dwa etapy.

1) Wszczęcie dołów
2) Rozmnażanie dołów.

Pierwszym krokiem było postulowanie, że inicjacja wykopu odbywa się w związku z nabyciem potencjału przez anion, który adsorbuje się na powierzchni. Po rozpoczęciu procesu wgłębiania, rozpuszczanie się metalu może nastąpić nawet przy niższych potencjałach. Pomiar potencjału krytycznego aluminium i jego znaczenia został zrozumiany na podstawie badań literaturowych.

B.Weiss, D.L.Chen zastosował następujące trzy metody do określenia potencjału wżerowego i ochronnego aluminium w odgazowanych roztworach 3% NaCl (271-275).

1) Metoda potencjodynamiczna
2) Metoda quasi-papierosów
3) metoda papeterii

Wyniki tych dochodzeń zostały podsumowane przez C.H.Liu w następujący sposób.

1. Potencjał wżerowy jest głównym kryterium korozji wżerowej w różnych stopach aluminium.

2. Zarówno obecne metody kontrolowane jak i metody kontrolowane potencjałów zostały wykorzystane w pomiarach krytycznego potencjału wżerowego. Jednak spośród tych trzech metod najbardziej wiarygodna jest metoda potencjostatyczna, ponieważ jest to metoda najprostsza.

2.1.7 Etap reakcji chemicznej

Wielu badaczy doszło do wniosku, że w wyniku wżerów w roztworach chlorków powstają pośrednie, rozpuszczalne kompleksy.

27

B.Weiss wyjaśnił metodę pomiaru inicjacji dołu na czystym metalu Al w roztworach obojętnych. Wyjaśnił również mechanizm powstawania rozpuszczalnych, zasadowych soli chlorkowych, takich jak Al (OH)$_2$ Cl (274).

R. F. Tressler *i inni* w swoich badaniach stwierdzili, że powstawanie wżerów w roztworach chlorków logarytmicznie zależy od potencjału krytycznego wżerów, który z kolei zależy od stężenia jonów chlorkowych w roztworze (278).

Stwierdzono, że jon chlorkowy reaguje bezpośrednio z powierzchnią glinu, co sprzyja powstawaniu wżerów, a jeszcze bardziej, że chlor jest agresywny w wyniku rozpuszczalności związku glinu z chlorem.

K.U.Kainer *i wsp.* w swoich badaniach nad hydrolizą chlorku glinu charakteryzowali związki takie jak Al(OH)$_2$ i Al(OH)Cl2 (279).

Prace C. Carre *et al* nad tworzeniem wżerów na czystym aluminium beztlenkowym w roztworach chlorków i siarczanów wspierają koncepcję, że podstawowym etapem jest tworzenie kompleksów przejściowych, takich jak poniższe (280).

Al+2Cl- AlCl2→(adsorbowany) +2e-
AlCl2 (adsorbowany) AlCl2→$^+$ + e-.

Podsumowując, wydaje się, że istnieją dobrze scharakteryzowane produkty reakcji aluminium - anion. Pierwsze z nich to jony kompleksu glinu takie jak AlCl++ i AlCl4 ⁻ oraz związki przejściowe takie jak Al (OH) Cl2 i Al (OH)2 Cl (281).

2.1.8 Rozcieńczanie filmu tlenkowego.

Badania nad warstwą tlenku glinu dostarczają niezależnych dowodów na to, że nawet w przypadku braku innych skutków (mechanicznych itp.) można by oczekiwać, że warstwa tlenku glinu zostanie rozcieńczona pod wpływem roztworu wodnego. Tradycyjny pogląd na reakcję korozyjną został dobrze przedstawiony przez Z.Zhang *et al* w serii artykułów. Według niego, bezwodna warstwa tlenku, powstająca na aluminium w wyniku reakcji korozyjnych w roztworze wodnym (medium korozyjne) działa jako obojętna bariera pomiędzy świeżą powierzchnią metalu a medium korozyjnym. Stwierdził on również, że bariera o charakterze obojętnym wynika z obecności stanu koloidalnego tlenku (282-284).

2.1.9 Bezpośredni atak eksponowanego metalu

Po odpowiednim rozcieńczeniu folii, wysoki stopień reaktywności metalicznego aluminium zapewnia szybki atak i propagację wgłębienia. Reakcja inicjacyjna związana jest z oddziaływaniem warstwy tlenku (chemicznie lub fizycznie) z otaczającym środowiskiem. Wielkość wgłębienia zależy od kontaktu metalu aluminiowego z korozyjnym środowiskiem, a także od szybkości reakcji pomiędzy metalem a środowiskiem.

Bezpośredni atak na jakąkolwiek metalową powierzchnię nie jest płynną, ciągłą reakcją, ale jest to proces nieregularny i staje się widoczny w potencjalnym cyklu. W analizie i przeglądzie zlokalizowanej korozji, bardziej logiczne okazało się rozpoznanie wieloetapowego charakteru procesu, aby sformułować ogólną teorię zlokalizowanej korozji i podjąć próbę uformowania eksperymentalnych ustaleń w tym kontekście.

2.1.10 Korozja wżerowa w MMC

Stwierdzono, że MMC wykazują zwiększoną podatność na atak wżerowy niż stopy niewzmocnione, a wzmocniony atak wynika z pustek, które są obecne na interfejsie zbrojenia/matrycy. Puste przestrzenie powstają albo w wyniku słabego wiązania na interfejsie, albo w wyniku obecności pęknięć w cząstkach zbrojenia (285).

Badania nad strukturą wyrobiska sugerowały istnienie dwóch etapów jego zagospodarowania (286).

Pierwszy etap polegał na wstępnym rozpuszczeniu atomów metalu i otwarciu wykopu, a drugi na powiększeniu lub wzroście wykopu.

Liczba faz międzymetalicznych powstałych podczas przygotowania i obróbki kompozytu była większa niż w przypadku stopu. Kompozyt miał więc więcej miejsc inicjowania wgłębień. W stopie Al-600 zaobserwowano większą liczbę wżerów na powierzchni próbek w 100oC, a także zaobserwowano, że wraz ze wzrostem temperatury wzrosła liczba wżerów. Stwierdzono więc, że morfologia dołów jest zależna od temperatury.

Produkty korozji zgromadzone na dnie wykopów zostały wzbogacone w Cr, Ti i zubożałe w Fe &Ni. Stwierdzono, że zarodkowanie wżebrowe miało taką samą potencjalną

29

zależność i prawdopodobnie taką samą częstotliwość w stopach Al-Zn jak w czystych Al i metalach cynkowych. Zwiększa to kinetykę rozpuszczania w lokalnym środowisku, a tym samym ułatwia tłumaczenie, co z kolei prowadzi do stabilnego wżery (287.288).

Analiza metalograficzna i fraktograficzna wykazała, że regiony zgrupowane są preferowanymi miejscami inicjowania uszkodzeń we wszystkich warunkach badań korozyjnych. Ponadto wstępne wyniki wykazały, że nagromadzenie uszkodzeń przed propagującym się pęknięciem występuje również w regionach zgrupowanych. Zaobserwowano, że na zachowanie się wżerów stopów aluminium często wpływa charakter osadów i ich stężenia. Tak więc osad może służyć jako miejsce zarodkowania wżerów (289).

S.R.Nutt et al, w swoich badaniach stwierdził, że korozja kompozytów Al/SiC i Al/Al2O3 prawdopodobnie z powodu cząstek SiC, które działały jako wydajne miejsca katodowe. Inicjacja i rozmnażanie się dołów zachodziło w miejscach tygodnia. Plamy tygodniowe powstają w wyniku: uwięzienia powietrza w błonie, dyslokacji fazowej, tworzenia się cząstek drugiej fazy i redukcji tlenu w rejonie, w którym znajdowały się cząstki lub opady. Na podstawie badań literaturowych stwierdzono również, że anodowanie i powlekanie ceramiką zmniejszyło liczbę wykwitów. Tym samym powłoki te poprawiły odporność korozyjną kompozytów (290).

Wyniki uzyskane w trakcie badań nad monitorowaniem in situ korozji stopów Al potwierdziły znaczenie składników międzymetalicznych w inicjowaniu wżerów i propagacji wżerów w stopach aluminium. Niejednorodne rozmieszczenie tych cząstek pomogło w określeniu lokalizacji wżerów i zakresu ich rozprzestrzeniania. Stwierdzono, że Al6061/SiC MMC wykazują dwa rodzaje korozji:

1.Wżery i korozja szczelinowa wokół każdego z włókien   SiC (291).

2. Korozja szczelinowa w pustkach powierzchniowych lub pęknięciach linii włosów.

Wżery i korozja szczelinowa wokół włókien były spowodowane gromadzeniem się magnezu na styku włókna i matrycy podczas produkcji Wzbogacanie magnezu wystąpiło w regionie międzyfazowym między cząstką a matrycą. Zakres wzbogacania magnezu

30

zwiększał się wraz ze wzrostem temperatury. Gęstość przemieszczeń jest większa w regionach matrycy, które przylegają do cząsteczek, co powoduje, że powstają dwie fazy, a zróżnicowane współczynniki rozszerzalności cieplnej między tymi dwiema fazami doprowadziły do zwiększenia opadów w tych regionach (292,293).

Stwierdzono, że im szybsze jest chłodzenie stopów Al-Mg, tym mniejsza jest wielkość ziarna. W odniesieniu do wielkości drugiej fazy Al8 Mg5 istniało krytyczne tempo chłodzenia, przy którym wielkość fazy eutektycznej była maksymalna i wolniejsza. Szybsze schłodzenie spowodowało powstanie drobniejszej struktury drugiej fazy (294).

K.E. Heulser i współpracownicy zgłosili, że międzymetalik i MgO znajdowały się na styku SiC/Al. Wysokie stężenia Mg, MgO lub intermetalików miedzianych na interfejsie mogły stanowić preferencyjny atak w pobliżu wiskerów SiC. Na podstawie wartości energii progowej pochodzącej zarówno z widm anodowych jak i katodowych, które są rejestrowane w różnych warunkach Al/SiC MMC, postulowano, że folia pasywna składa się z mieszanego tlenku głównych składników stopu (295-298).

Ze względu na szlachetniejszy, potencjał elektryczny fazy międzymetalicznej miał działać jak katoda w Al/SiC MMCs. Zostało to potwierdzone znalezieniem Mg (OH)$_2$ na powierzchni międzymetalików po naświetlaniu w roztworze MgCl2. Stwierdzono również, że główną przyczyną korozji było oddziaływanie pomiędzy stopami aluminium a międzymetalikami (299).

Selektywnej korozji i pasywacji często towarzyszą duże naprężenia powierzchniowe, które mogą prowadzić do odkształceń plastycznych lub pęknięć. Stwierdzono, że kompozyt aluminiowo-grafitowy wykazuje wyższą szybkość korozji niż stop aluminium (stop bazowy) w identycznych warunkach testowych. Przypisano to korozji międzyfazowej dyspersyjnej/matrycowej. Ze względu na mikrostrukturalne modyfikacje osnowy i możliwe zmniejszenie naprężeń resztkowych, obróbkę cieplną kompozytu, stwierdzono, że stop bazowy wykazuje mniejszą szybkość korozji (300 301).

W obróbce cieplnej kompozytu Al/Al2O3 w pobliżu Al2O3 zaobserwowano zmniejszenie gęstości osadu w matrycy stopowej. Na podstawie obserwacji eksperymentalnych i rozważań termodynamicznych stwierdzono, że na powierzchni

Al2O3 tworzą się kryształy MgAl2O4, których wzrost uważa się za spowodowany spożyciem Al2O3. Korozja aluminium w roztworach alkalicznych była kontrolowana przez procesy konkurencyjne, polegające na wzroście i rozpuszczaniu warstwy. Folia składa się z wewnętrznej, zwartej, barierowej warstwy z zewnętrzną warstwą krystaliczną o średniej grubości w zakresie 10µm, która rozwijała się w stosunkowo długiej skali czasowej (302).

Stwierdzono, że utlenianie SiC i obecność magnezu w stopie osnowy ułatwia osadzanie się w kompozycie Al/SiC, nie powodując znaczącego ubytku magnezu w osnowie. Wytworzone kompozyty były również utwardzalne starzeniowo (303).

Stwierdzono wpływ małych stężeń azotynów, siarczków i cyjanków na szybkość korozji Al 1060 w roztworze KOH w sekwencji OH-< NO2- < S-- <CN- w wyniku działania dwuwarstwowego na wydzielanie wodoru za pomocą specjalnie zaadsorbowanych anionów(304).

Na właściwości korozyjne MMC wpływa charakter stopu osnowy, rodzaj wzmocnienia i elementy stopowe, takie jak Cu, Mg i Si. Pomimo tych wszystkich czynników, zachowanie korozyjne w Al-MMC ma złożony charakter.

Z. Ahmad badał rolę międzymetalików i cząstki węglika krzemu (SiC) w zachowaniach korozyjnych kompozytów Al-SiC. Do badań wybrano stopy F3K (UNS A0338) i F3S (UNS A0359) oraz przedstawiono wyniki badań ubytku masy i badań elektrochemicznych w podwyższonej temperaturze przy różnych prędkościach obrotowych i liniowych. Wyniki te wykazały, że stopy wzmacniane SiC wykazywały wyższe szybkości korozji niż stopy niewzmocnione (305).

Z. Feng i wsp. stwierdzili, że frakcja objętościowa wzmocnień cząsteczkami SiC oraz stężenie jonów chlorkowych w roztworze mają wpływ na lokalną korozję. Zbadano również charakterystykę kompozytów na osnowie metalowej Al2024/SiC (MMC) (306).

Do badania dynamicznego procesu inicjowania i rozwoju wżerów na powierzchni kompozytów zastosowano skaningową mikroelektrodę odniesienia (SMRE) w technice potencjału w układzie otwartym. Przeprowadzono polaryzację potencjodynamiczną w celu scharakteryzowania elektrochemicznego zachowania się MMC. Morfologię zlokalizowanego ataku na próbkę MMC po przeprowadzeniu testów korozyjnych zbadano za pomocą skaningowej mikroskopii elektronowej (SEM).

2.2 Korozja naprężeniowa w urządzeniach AMC

Czyste aluminium jest odporne na korozję, ale niestety, jest miękkie i ma niską wytrzymałość. Stopienie Al z Cu, Mg, Zn i Si może znacznie zwiększyć jego wytrzymałość. Jednak stopienie zwiększa tendencję do pękania, gdy metal jest narażony na stres w słonej wodzie lub w środowisku przemysłowym.

Następujące trzy warunki są niezbędne do wystąpienia SCC (stress corrosion cracking).

1. Stop musi być podatny na SCC
2. Stop musi być w kontakcie z określonym środowiskiem korozyjnym
3. W stopie musi być naprężenie rozciągające.

Jednakże wszystkie stopy aluminium nie są podatne na SCC, ponieważ SCC zależy od orientacji ziaren w próbce. Aby SCC wystąpiło, naprężenie (lub jego składnik) musi być przyłożone prostopadle do granic ziaren, tak aby je otworzyć. SCC jest również procesem zależnym od czasu.

W przypadku SCC, powierzchnia stopu aluminium często wydaje się być prawie wolna od korozji, dlatego też SCC jest dość niebezpieczna. Chociaż zewnętrzna struktura może wydawać się nie skorodowana, drobne pęknięcia wewnątrz struktury mogą prowadzić do jej zniszczenia.

Istnieją trzy główne teorie występowania SCC.

Pierwsza teoria mówi, że pęknięcie jest spowodowane preferencyjną korozją wzdłuż granic ziaren (rozpuszczanie anodowe).
Druga teoria postuluje, że jeśli atomowy wodór jest adsorbowany, to osłabia granice ziaren, a tym samym umożliwia pękanie (pękanie indukowane wodorem).

Trzecia teoria zakłada, że pęknięcie jest spowodowane pęknięciem folii pasywnej wzdłuż granicy ziarna.

Sharma oceniła odporność na korozję naprężeniową kompozytów na osnowie metalowej Al6061/albite w wysokotemperaturowych mediach kwaśnych przy użyciu autoklawu. Do wykonania kompozytu Al6061, wzmocnionego cząstkami stałocieplnymi o wielkości   90-150 μm, Sharma wykorzystał technikę metalurgii płynów. Jako wzmocnienia użył cząsteczek białych o wielkości od 2 do 6 % mas. w krokach co 2 % mas. Badania korozji naprężeniowej przeprowadzono metodą ubytku masy z zastosowaniem HCl (ośrodek kwaśny) jako czynnika korozyjnego dla różnych czasów ekspozycji, normalności i temperatury (307).

Szybkość korozji stopu osnowy wzrosła wraz ze wzrostem czasu ekspozycji, normalności i temperatury ośrodka kwaśnego. Ale szybkość korozji była niższa dla kompozytu albite-wzmocnionego i stwierdzono również, że w albite-wzmocnionego kompozytów szybkość korozji spadła wraz ze wzrostem procentowego wzmocnienia niż w porównaniu z bazą Al-alloy w każdych warunkach. SEM, EDS i XRD zostały użyte do badania skorodowanej powierzchni próbek.

2.2.1 Pęknięcia indukowane wodorem

M.Puiggali badał wpływ wodoru na ruch zwichnięć w aluminium o wysokiej czystości. Wpuszczali do przecedzonych próbek gaz wodorowy nasycony wodą. Wodór powodował wzrost pęknięć i zwiększoną gęstość dyslokacji (308).

G.S.Duffo *i wsp.* stwierdzili, że podczas SCC rozpuszczony wodór zmiękczył osnowę metalową i umożliwił odkształcenie plastyczne (309).

A.Conde *et al* podali, że generalnie para wodna przyspiesza tempo rozprzestrzeniania się pęknięć zmęczeniowych w 99,99% czystego aluminium. Wodór wytwarzany podczas zmęczenia korozyjnego wchodzi do próbki i jest szybko transportowany przez przemieszczenia do wnętrza kryształu (310).

K.Kobayashi *i inni* donoszą również, że energia wiązania atomowego aluminium, mierzona za pomocą spektroskopii jonowo-masowej, została zmniejszona o 11% po naładowaniu wodorem. Te dwa efekty, czyli szybki ruch wodoru i zmniejszona energia wiązania matrycy, powodują przyspieszone tempo rozprzestrzeniania się pęknięć zmęczeniowych w czystym aluminium (311).

34

2.2.2 Rozpuszczanie anodowe i utrata masy Korozja

C.M.Giordano, G.S.Duffo *i inni* zaproponowali, że SCC wynika z połączenia rozpuszczania i chemisorpcji w końcówce szczeliny. Założono, że mechanizm SCC będzie analogiczny do kruchości ciekłego metalu stopu z powodu tworzenia się produktów korozji (312.313).

F.H. Stott i inni badacze porównali schematy polaryzacji potencjodynamicznej 7075-T 7351 w 1M NaCl. Vogt wykazał, że krzywa polaryzacji 7075-T6 miała dodatkowy łokieć, który przypisał do anodowego obszaru granicznego ziarna (314-331).

M.S.N. Bhat *i inni* badali zachowanie korozyjne kompozytów stopu Al6061 z SiC (w formie odlewanej i wytłaczanej) w wodzie morskiej i środowisku kwaśnym. Badano wpływ temperatury na szybkość korozji w wodzie morskiej i mediach kwaśnych, a także wpływ stężenia mediów kwaśnych na szybkość korozji. Ocenę zachowania korozyjnego przeprowadzono techniką elektrochemiczną, a skorodowane próbki zbadano za pomocą skaningowego mikroskopu elektronowego. Badania te wykazały, że uszkodzenia kompozytów, które są narażone na działanie środowiska wody morskiej, były głównie spowodowane korozją lokalną, gdzie, podobnie jak w przypadku stopu bazowego, uszkodzenia są spowodowane jednolitą korozją na całej powierzchni stopu, który jest narażony na działanie wody morskiej (332).

V. T. Vijayalakshmi *i inni* badali właściwości korozyjne kompozytów na osnowie metalowej LM13/albite w roztworze 1 M HCl w funkcji temperatury i udziału procentowego wzmocnienia. Udział procentowy zbrojenia wahał się od 2 do 6 % mas. w krokach co 2%, a kompozyty przygotowano techniką metalurgii ciekłej (333-338).

K. H. W. Seah *et al* opisuje badanie właściwości korozyjnych kompozytów LM13 Al na bazie stopów 1M HCl (stosowanych jako media korozyjne) w temperaturze pokojowej. Czas trwania badań wahał się od 24 do 96 h. Badania korozyjne wykonano na stopie osnowy niewzmocnionej oraz na różnych wzmacnianych kompozytach, zarówno w warunkach obróbki cieplnej, jak i odlewniczych (339).

Deo Nath i T.K.G. Namboodhiri zbadali, że odlewany stop aluminium LM13 i LM13-5 % masy kompozytu cząstek miki wykazuje odporność na korozję ogólną, erozję i zużycie korozyjne w 3,5 % roztworze NaCl. W badaniach tych zastosowano pomiary ubytku masy, polaryzację elektrochemiczną oraz skaningową mikroskopię elektronową (340).

2.2.3 Pęknięcie filmu pasywnego

Pugh odróżnił TGSCC od IGSCC w przypadku korozji międzyziarnistej naprężeniowej, mówiąc, że TGSCC występuje w wyniku nieciągłego pękania kruchego (rozszczepiania) przez ziarno, podczas gdy IGSCC występuje w wyniku anodowego rozpuszczania na końcu pęknięcia. Pugh użył modelu rozszczepienia wywołanego przez film, aby wyjaśnić pęknięcia stopów Al-Zn-Mg (341).

J.F. McIntyre scharakteryzował zachowanie się korozji w kilku wysokowytrzymałych stopach aluminium. Stopy te były narażone na działanie roztworów sztucznej wody morskiej oraz niektórych roztworów, które zawierały jony azotanowe. Stopy te poddano badaniom korozyjnym zarówno w wodzie morskiej, jak i w roztworach w temperaturze pokojowej i w warunkach podwyższonej temperatury. Odkryto unikalny synergizm pomiędzy anionami azotanowymi a wodą morską, który znacznie przyspieszył tempo korozji międzykrystalicznej w stopach Al7075 (342).

2.2.4 Korozja naprężeniowa w centrach zarządzania ruchem kolejowym

Monticelli *i inni* stwierdzili, że naprężenia rozciągające powodowały wzrost szybkości korozji w MMC opartych na Al6061, a korozja naprężeniowa w MMC została wyraźnie wykryta przez analizę hałasu. Jednak jednoczesna obecność wżerów (w niektórych przypadkach korozji międzyziarnistej) i korozji naprężeniowej utrudniała odróżnienie próbek, które cierpią na różne zlokalizowane formy korozji. (343)

S. Subramanian **opracował** model mikromechaniczny do prognozowania wytrzymałości na rozciąganie jednokierunkowych kompozytów na osnowie metalowej (MMC). **(344)**

D. Raabe, *et al* badali kinetykę starzenia się kompozytów na osnowie metalowej na bazie Al6061 (Al-Mg-Si-Cu), zawierających cząstki TiB2, wykorzystując do tego celu pomiary twardości, wyznaczanie tekstury i mikroskopię elektronową. Próbki wytwarzano w procesie in-situ. (345)

36

Conde *i inni* zauważyli, że stopy Al-Li mają wysoką odporność na SCC w porównaniu z bardziej konwencjonalnymi stopami. Technika wolnego tempa odkształcania pozwala na wykrycie podatności na SCC w systemach, której nie można wykryć innymi technikami badawczymi lub której wykrycie zajmuje znacznie więcej czasu. Wyjaśnił on również, że wolny wodór obecny w obszarze aktywnym zwiększa proces propagacji pęknięć. Zaobserwowano wiele wgłębień na stopie osnowy Al i niektóre cząsteczki widoczne na powierzchni pęknięcia, co świadczy o stosunkowo silnym wiązaniu pomiędzy osnową a cząsteczkami, wytwarzanymi w procesie wytłaczania proszkowego. (346)

Kiedy analizowano termodynamicznie synergiczny wpływ wodoru i naprężeń na szybkość korozji, wynik pokazał, że wzajemne oddziaływanie naprężeń i wodoru może znacznie zwiększyć szybkość korozji. Stwierdzono, że wielkość lokalnego odkształcenia powstałego na próbce jest równoważna odkształceniu w pobliżu powierzchni. Tak więc, plastyczne pęknięcie materiału w powietrzu sugeruje istnienie kryterium fundamentalnego pęknięcia w SCC.

Zasugerowano, że powstawanie pęknięć korozyjnych naprężeniowych w stopach aluminium 7075 było związane z wytrącaniem się Al (OH)$_3$ w regionie o stałym pH i że pH w tym regionie można obliczyć za pomocą produktu rozpuszczalności świeżo wytrąconego Al (OH)$_3$.

Stabilny obszar pH był pomyślany jako dynamiczna jednostka, która była stale generowana i rozszerzana w kierunku propagacji pęknięcia przez rozpuszczanie i rozpraszana dalej z powrotem wzdłuż pęknięcia przez dyfuzję. Podobne wnioski odnoszą się również do SCC w stopach Mg.

S.C.Sharma *i wsp. zbadali* właściwości mechaniczne kompozytów ZA-27, stopu cynku i aluminium oraz cząstek grafitu poddanych obróbce cieplnej, zawierających cząstki grafitu o wielkości 90-150 μm i zawartości od 0 do 5% masy. Do wytwarzania kompozytów zastosowano metodę wirową. W metodzie tej cząstki grafitu wlewano do wiru, utworzonego poprzez mieszanie stopionego metalu za pomocą mieszadła mechanicznego. Obróbkę cieplną prowadzono w temperaturze 280°C przez okres odpowiednio 1, 2, 3 i 4 godzin. Wyniki badań wykazały, że w miarę zwiększania się składu grafitu następuje znaczny wzrost plastyczności, wytrzymałości na rozciąganie (UTS) i ściskanie kompozytu, któremu towarzyszy ogromny spadek twardości materiału. (347)

Ibrahim I.A. *i inni* twierdzą, że w ciągu ostatnich dziesięciu lat materiały w dziedzinie badań i rozwoju przestawiły się z monolitycznych na kompozytowe, które dostosowywały się do globalnych potrzeb, takich jak zmniejszona waga, niski koszt, jakość i wysoka wydajność materiałów konstrukcyjnych. W niniejszym artykule dokonano przeglądu postępów w przetwarzaniu stopionych kompozytów z cząstkami stałymi stopu Al-Si oraz ich odpowiednich właściwości. Omówiono istniejące i pojawiające się innowacje w zakresie przetwórstwa oraz określono fazy wzmocnienia w ważnych działaniach badawczo-rozwojowych. Metoda wirowa (lub mieszania) jest nadal najpopularniejszą metodą przetwarzania, ze względu na łatwość obsługi, całkowity koszt produkcji i przydatność. (348)

Seah, K.H. *twierdzi, że* kompozyty na osnowie metalowej na bazie Al6061 (MMCs) zostały przygotowane odpowiednio z 2, 4 i 6 % masy cząstek białych, przy użyciu ciekłej techniki metalurgicznej *(75)*. Z przygotowanych wlewków wykonano próbki o wymiarach 70 mm na 10 mm na 2 mm. Właściwości tłumiące niewzmocnionego stopu osnowy oraz MMC badano w zakresie temperatur od 50°C do 500°C za pomocą dynamicznego analizatora mechanicznego. (349)

Fang *et al* badano korozję zużyciową kompozytów na osnowie aluminiowej wzmocnionych cząstkami tlenku glinu 6061 w roztworze NaCl o stężeniu 3,5 % mas. za pomocą zmodyfikowanego testera zużycia blokowego. Badania dotyczyły wpływu przyłożonego obciążenia, prędkości obrotowej oraz środowiska (suche powietrze i 3,5 % roztwór NaCl) na szybkość zużycia materiałów. W pracy wykorzystano również różne próbki o frakcji objętościowej Al2O3 równej 0, 10, 15 i 20 %. (350)

Przeprowadzono pomiary elektrochemiczne i mikrograficzne obserwacje elektronowe w celu wyjaśnienia mikro mechanizmów korozji zużywalnej w takich kompozytach osnowy metalowej.

2.3 Korozja galwaniczna

Korozja galwaniczna jest głównym problemem związanym z zachowaniem się MMC pod względem korozji. Jest to szczególnie ważne, gdy metal aktywny, taki jak aluminium lub magnez, jest połączony galwanicznie z przewodnikiem szlachetnym, takim jak włókno grafitowe. Stosunkowo obojętne materiały, takie jak grafit, SiC i TiB2, są zazwyczaj szlachetne, ponieważ służą jako elektrody obojętne do redukcji protonu i tlenu.

Tak więc metal zwykle koroduje w przyspieszonym tempie, gdy jest połączony galwanicznie ze stosunkowo obojętnym materiałem. Wykorzystując wykresy polaryzacyjne i teorię potencjału mieszanego, można przewidzieć zachowanie korozyjne w MMC.

Hongbo Ding i L.H.Hihara zbadali korozję galwaniczną w kompozycie na osnowie metal-matryca na bazie Al (MMC), wzmocnionym 40 % masowymi cząstkami Si, biorąc pod uwagę właściwości połączeń półprzewodnikowych/elektrolitowych wzmocnień Si. (351)

Rajashekaran *i inni* stwierdzili, że cylindry 6061Al-SiC o zawartości 15% SiC i rozmiarze zbrojenia 23 mikrony zostały przygotowane przez odlewanie z mieszadłem i wytłoczone w postaci prętów (stosunek wytłaczania 30:1). Kompozyty te poddano obróbce T-6 w temperaturze 453K, dzięki czemu uzyskano próbki nieletnie, szczytowe i ponadstarzeniowe. Zachowanie korozyjne kompozytów Al 6061-SiC w stanie wytłoczonym, a także w warunkach starzeniowych określano przy użyciu roztworów 0,01N, 0,1N i 1,0 N HCl jako mediów korozyjnych oraz metodą ekstrapolacji Tafla w zakresie temperatur 303K i 323K. (352)

2.3.1 Korozja aluminium

Aluminium metaliczne na ogół posiada wżery w roztworach zawierających halogenki, ponieważ potencjał wżerów (Epit) jest liniowo zależny od logarytmu stężenia jonów halogenkowych. Tak więc w warunkach otwartego obiegu kolejność wżerów w aluminium musi być spolaryzowana do potencjałów wżerów (Epit) przez reakcję katodową. Redukcja protonu i tlenu to dwie możliwe reakcje katodowe, ale w roztworach obojętnych i zawierających chlor konieczna jest redukcja tlenu w celu zainicjowania pitu.

W wielu badaniach elektrochemicznych uznano istotną rolę zmian potencjału elektrody podczas reakcji korozyjnej. Badania te obejmują krzywe polaryzacji i pomiar potencjałów wżerowych.

2.3.2 Korozja MMC

Podczas badań korozyjnych w Al (6061)/Al2O3 w napowietrzanym NaCl nie stwierdzono istotnego wpływu cząstek Al2O3 na zachowanie korozyjne w MMC. Ataki korozyjne występowały przede wszystkim w pobliżu cząsteczek wzmacniających.

L.H. Hihara stwierdził, że gęstość prądu korozji galwanicznej jest największa w aluminiowej matrycy, która jest połączona z włóknem grafitowym w napowietrzanym roztworze NaCl o mocy 3,15 Wt%. Wyniki wykazały również, że szybkość korozji galwanicznej w aluminium byłaby trzydzieści razy mniejsza w przypadku sprzężenia z SiC lub TiB2 (353).

Zgodnie z   badaniami przeprowadzonymi przez Nakatę wpływ wzmocnienia SiC na elektrochemię Al 6061 nie może być uogólniony, ponieważ zależy on od specyficznych funkcji warunków środowiskowych i drogi przetwarzania.

W.Beck *i inni* badali wpływ stężenia jonów chlorkowych i pH na zachowanie korozyjne stopów 8090 (Al-Li-Cu-Mg-Zr) i 2014 (Al-4,4%Cu) w roztworze NaCl za pomocą techniki polaryzacji potencjodynamicznej (354).

Jameel. A. Abdul *i wsp.* badali właściwości korozyjne kompozytów na osnowie z aluminium 6061 wzmocnionego cząstkami cyrkonu metodą potencjału otwartego obwodu. Kompozyty przygotowano techniką hutnictwa metali w stanie ciekłym metodą wirową (355).

2.3.3 Mikroskopia optyczna

Mikroskopia optyczna służy do badania mikrostruktury i morfologii próbek przed i po ekspozycji na czynnik korozyjny, dzięki czemu możemy ocenić stopień nasilenia ataku korozji. Prawidłowo wypolerowane próbki badane przy użyciu mikroskopów optycznych mogą wykazywać obecność faz międzymetalicznych, które są zaangażowane w korozję.

2.3.4 Skaningowa mikroskopia elektronowa (SEM)

Skaningowa mikroskopia elektronowa służy do badania mikrostruktury i morfologii próbek w znacznie większej rozdzielczości niż mikroskopia optyczna. SEM dostarcza szczegółowych informacji na temat stopnia nasilenia korozji i obecności faz międzymetalicznych w próbce. SEM wyposażony w spektrometrię rentgenowsko-rozpraszającą energię (EDS) jest używany do badania składników chemicznych ochronnych warstw tlenkowych, faz międzymetalicznych i produktów korozji.

2.3.5 Dyfraktometria rentgenowska

Dyfraktometria rentgenowska (XRD) jest powszechnie stosowana do identyfikacji faz w materiałach poprzez porównywanie ich wzorów dyfrakcyjnych ze znanymi fazami odniesienia lub materiałami. Stosowano ją do identyfikacji obecności produktów reakcji takich jak Mg2Si, Al4Cl3 i MgAl2O4 w stopie Al-Cu-Mg, stopie Al2009 wzmocnionym wiskerami SiC.

Lee *i wsp.* zgłosili obecność MgAl2O4 w Al6061, wzmocnionego cząstkami tlenku glinu, przy użyciu XRD.

ROZDZIAŁ 3
CELE NINIEJSZEGO DOCHODZENIA

3.1 Cel

Kompozyty metal-matryca zostały przygotowane przy użyciu stopu Al 6061 jako materiału osnowy oraz wstępnie podgrzanych, niepowlekanych czerwonych cząstek błota o wielkości 50-80µm jako wzmocnienia.

Wybranym zbrojeniem jest czerwony szlam, który jest odpadem uzyskanym po usunięciu aluminium z jego rudy. Otrzymywane z HINDALCO, dzielnica Renukoot, UP. Zawiera głównie tlenki metali.

Czerwone cząstki błota po dodaniu do osnowy Al 6061 zapobiegają ekspozycji powierzchni stopu osnowy na czynniki korozyjne, a czerwone błoto nie reaguje ze stopem osnowy. Cząsteczki o różnym ciężarze od 0 do 6 % masy zostały przygotowane techniką ciekłego stopu metalurgicznego metodą wirową.

Do produkcji kompozytów na osnowie metal-matrycę wykorzystano technikę hutnictwa ciekłego, ponieważ jest ona bardzo przydatna do produkcji kompozytów na osnowie metal-matrycę z następujących powodów.

1. W metodzie tej osiągnięto równomierny rozkład cząstek stałych, a obszerne badania literaturowe wykazały również, że równomierny rozkład uzyskano poprzez rozproszenie różnych wzmocnień w matrycy Al6061.

2. W metodzie tej utworzono wir poprzez wprowadzenie wirnika do stopu stopu, a stop jest mieszany z prędkością 100rpm i dodano zbrojenie w wir, a mieszanie kontynuowano jeszcze przez około 2-3 minuty, dzięki czemu można uzyskać równomierny rozkład zbrojenia. Następnie topi się bezpośrednio w podgrzanych formach umieszczonych na dnie pieca. W ten sposób można uzyskać odlewy o wymaganym kształcie. Odlewy zostały usunięte i poddane obróbce mechanicznej.

3. W ramach szeroko zakrojonych badań literaturowych przygotowano kompozyty metal-matryca zawierające 2%, 4% i 6% masy czerwonych cząstek błota. Pozwoliło to na określenie optymalnej masy cząstek czerwonego błota wymaganej do ochrony Al6061

przed korozją. Masa dodanego zbrojenia wynosiła tylko do 6%, gdyż przy wzroście masy powyżej 6% zbrojenie nie było równomiernie rozłożone, a cząstki zbrojenia odsuwały się od powierzchni osnowy, co powodowało opadanie zbrojenia. W ten sposób nie chroniłoby ono matrycy przed korozją. Dlatego też dodawanie zbrojenia jest ograniczone tylko do 6%, a o tym samym zdecydowano, biorąc pod uwagę obszerne badania literatury.

4. Po wyprodukowaniu próbek, MMC'S zostały poddane badaniom mikrostruktury za pomocą skaningowego mikroskopu elektronowego (SEM), ponieważ rozdzielczość SEM jest znacznie większa. Przeprowadzone badania mikrostrukturalne wykazały równomierny rozkład cząstek w matrycy, dzięki czemu eksperymentalnie wykazano możliwość wystąpienia w stopie Al6061 rozproszonych, wstępnie podgrzanych, niepowlekanych cząstek błota czerwonego o wielkości 50-80μm.

5. Próbki wyprodukowano zgodnie z normami ASTM i poddano próbie korozyjnej ubytku masy w różnych stężonych roztworach HCl, NaCl, NaOH, równobiegunowym roztworze NaCl i NaOH oraz wodzie morskiej. Dzięki temu możliwe było zbadanie zachowania korozyjnego MMC we wszystkich rodzajach mediów korozyjnych. Równomierny roztwór NaCl i NaOH został użyty jako czynnik korozyjny dla MMC, ponieważ naturalna woda morska zawiera zarówno jony chlorkowe jak i hydroksylowe, a więc wpływ stężenia jonów Cl- i OH na szybkość korozji w badanych MMC. wodę morską zebraną z południowej plaży mariny w Chennai wykorzystano również jako czynnik korozyjny, ponieważ konstrukcje morskie wykonane z tych MMC powinny być chronione przed korozją w wodzie morskiej, dlatego też badana jest przydatność konstrukcji morskich wykonanych z MMC do wody morskiej.

6. 6. Wymienione wyżej rozwiązania korozyjne wybrano na podstawie różnych badań literaturowych i zbadano ich możliwe reakcje korozyjne z metalami, stopami i MMC.

7. MMC poddano również testowi potencjału w układzie otwartym w różnych stężonych roztworach HCl, NaOH, NaCl, wody morskiej i równobiegunowej mieszaniny NaOH, NaCl w celu określenia szybkości korozji próbek w różnych korodentach.

8. MMC poddano również badaniu potencjostatem przy użyciu techniki polaryzacji potencjodynamicznej elico make potentiostat / Galvanostat model CL95. Szybkość korozji badanych próbek określono dla różnych stężeń roztworów chlorku sodu i kwasu solnego.

9. MMC poddano również badaniu galwanostatem z zastosowaniem techniki polaryzacji potencjodynamicznej elico make potentiostat / Galvanostat model CL95. Szybkość korozji badanych próbek określono dla różnych stężeń roztworów chlorku sodu i kwasu solnego.

10. MMC'S i matrycę poddano badaniu odporności na korozję naprężeniową w różnych stężonych roztworach HCl w różnej temperaturze i o różnym czasie ekspozycji.

11. 11. MMC'S i matryca zostały poddane testom w mgle solnej z użyciem 5% roztworu chlorku sodu w celu zbadania zachowania się korozji.

11. Matrycę i MMC poddano badaniom mikrostrukturalnym przed i po teście korozyjnym z wykorzystaniem skaningowej mikroskopii elektronowej (SEM). SEM dostarcza szczegółowych informacji na temat stopnia nasilenia korozji i obecności faz międzymetalicznych w próbce, a także morfologii skorodowanych próbek badano tą samą techniką.

12. Skład chemiczny produktów korozyjnych określono za pomocą spektroskopii rentgenowskiej z rozpraszaniem energii (EDS) i dyfraktometrii rentgenowskiej (XRD), na podstawie tych badań potwierdzono skład chemiczny produktów korozyjnych zawierających Al $(OH)_3$ i śladową ilość Mg i to samo.

13. MMC i matrycę poddano badaniom właściwości mechanicznych tj. wytrzymałość na rozciąganie, twardość, wytrzymałość na ściskanie i procent wydłużenia.

ROZDZIAŁ 4
DOBÓR MATRYCY, PRZYGOTOWANIE I MIKROGRAFIA

4.1 Materiały

Matryca zastosowana w niniejszych badaniach to stop aluminium 6061 (Al6061).

Płytka 1: Surowiec z Al6061

Tabela 1: Skład (w %) stopu Al 6061

Mg	Si	Fe	CU	Ti	Pb	Zn	Mn	Sn	Ni	Al
0.8-1.5	10-12	1	0.7-1.5	0.2	0.1	0.5	0.5	0.1	1.5	Bal

Do stopu osnowy Al6061 dodano wzmocnienie w celu nadania pewnych specjalnych właściwości, takich jak płynność, wysoka wytrzymałość zmęczeniowa, odporność na korozję, lepsze właściwości mechaniczne i odporność na ciepło. Zastosowanym zbrojeniem był czerwony szlam, który jest odpadem uzyskanym po usunięciu aluminium z jego rudy.

Płytka 2: Cząsteczki czerwonego błota

Został on pozyskany z HINDALCO, dzielnicy Renukoot, UP. Badania spektroskopii rentgenowskiej dyspersji energetycznej (EDAX) czerwonego błota wykazały, że zawiera ono głównie krzemionkę i tlenki żelaza, tytanu, cyrkonu i wanadu. Widmo EDAX jest podane poniżej.

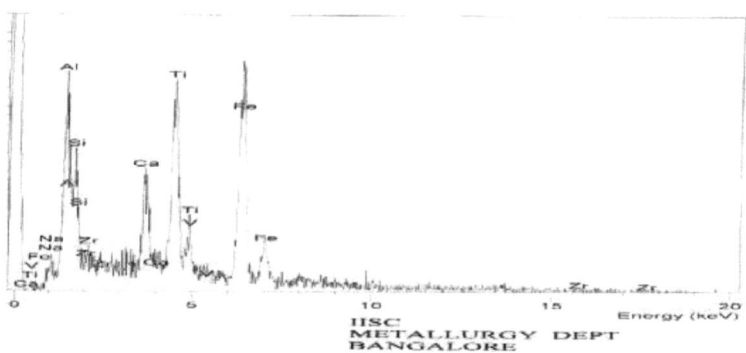

Płytka 3: Spektrum analizy EDAX cząsteczek czerwonego błota

. Cząsteczki czerwonego błota nie reagują ze stopem osnowy, a także z żadnymi czynnikami korozyjnymi, ale mogą zapewnić doskonałą odporność na korozję stopu osnowy i dlatego mogą być używane jako obojętny, wzmacniający materiał. Wielkość stosowanych cząstek ceramicznych waha się od 50μm do 80μm w celu ułatwienia dokładnego rozmieszczenia cząstek zbrojenia w stopie osnowy.

4.1.1 Przygotowanie kompozytu

Piec   używany do przygotowania kompozytu aluminiowo-czerwonych cząstek błota zawiera w zasadzie ogrzewaną elektrycznie 3-fazową cewkę oporową, dlatego też piec jest wyposażony w trzy pary 14-stopniowych kanalików, które są cewkami grzewczymi klasy A_1. Zakres temperatur w piecu wynosi 1200oC przy dokładności regulacji temperatury +/- 1oC. Wyposażony jest w siedmiosegmentową diodę elektroluminescencyjną, do odczytu temperatury wyposażony jest również w częściowo zintegrowany cyfrowy różnicowy regulator temperatury. Wydajność grzewcza pieca wynosi 500oC na godzinę. Piec wyposażony jest w tygiel grafitowy w środku z otworem na dole, który umożliwia bezpośrednie wlanie tworzywa do formy, jak pokazano na tabliczce 3.

Płyta 4: Piec dolny do wylewania

4.1.2   Standaryzacja warunków mieszania w celu ich dobrego zdefiniowania
Vortex

W odlewaniu kompozytów z osnową metalową, dodatek cząstek stałych wymaga najwyższej staranności. Aby uzyskać lepsze właściwości, dodane cząstki powinny być równomiernie rozłożone w stopie. Mieszanie płynu w stopie poprawia właściwości

47

kompozytu, ponieważ podczas mieszania następuje uszlachetnienie ziarna. Podczas mieszania należy zoptymalizować różne warunki, takie jak głębokość mieszania, prędkość mieszania itp. w celu uzyskania dobrej jakości odlewu.

Aby zoptymalizować prędkość i głębokość mieszania, jako model cieczy roboczej wybierana jest woda, ponieważ tak jest:

Przezroczysty płyn.

a) Dobry rozpuszczalnik.

b) Obficie dostępny

Głównym celem wyboru wody jako modelu cieczy roboczej jest stworzenie dobrze zdefiniowanego wiru w ciekłym metalu; powstanie wiru zależy od zoptymalizowanych warunków, takich jak głębokość i prędkość mieszania masy cieczy. W ten sposób dobrze zdefiniowany wir powoduje jednorodne mieszanie całych cząstek w obecności wody i powietrza. Obecność pęcherzyków powietrza może być wyraźnie zobrazowana za pomocą przezroczystych mediów. Do tej roztopionej mieszaniny dodaje się barwnik, aby zauważyć ruch cząsteczek. Powstała w ten sposób ciecz topi się w tyglu, który ma takie same wymiary jak pojemnik na ciecz (384).

Ruch płynu jest określany dwoma metodami, są to

a) Metoda Lagrangijska

b) Metoda euleryjska

W metodzie Lagrangiana stosowana jest pojedyncza cząstka płynu. Podczas tego ruchu płynu opisywane są takie właściwości jak prędkość, przyspieszenie i gęstość, podczas gdy w metodzie euleryjskiej powyższe właściwości są definiowane w punkcie w polu przepływu.

Przepływ wirowy to rodzaj przepływu wirowego, w którym przepływ cieczy odbywa się po zakrzywionej drodze.

Przepływ wirowy klasyfikowany jest jako

a) Swobodny przepływ wirowy.

b) Wymuszony przepływ wirowy.

Przy swobodnym przepływie wirowym nie jest wymagany żaden zewnętrzny moment obrotowy do obracania płynu, tak jak przy wymuszonym przepływie wirowym; zastosowanie zewnętrznego momentu obrotowego jest wymagane do obracania masy płynu. Mieszadło obraca ciecz ze stałą prędkością kątową, co powoduje powstanie wiru o kształcie V w masie cieczy. W zależności od głębokości mieszania uzyskuje się różne kąty stożka, jak również różne średnice podstawy.

4.1.3 Normalizacja głębokości i prędkości mieszania

Proces określania głębokości i prędkości, w wyniku którego powstaje dobrze zdefiniowany wir, znany jest jako technika normalizacji. Przy określonych parametrach, takich jak głębokość i prędkość mieszania, tworzy się dobrze zdefiniowany wir. Przy tych parametrach cząstki w układzie mieszają się tworząc jednorodny, jednolity roztwór.

4.1.4 Ostrze mieszadła

Ostrze mieszadła odgrywa ważną rolę w tworzeniu wiru. W związku z tym przeprowadzono dokładne badania z dostępnymi referencjami i w tym celu wybrano optymalny kształt łopatki.

4.2 Odgazowywanie szlamu roztopowego (ang.   De-Gassing of Melt Slurry)
4.2.1 Przepływomierz

Przepływomierz składa się z butli   N2, która jest połączona z pustą butlą do mycia za pomocą gumowej rurki. Zastosowanie pustej butli do mycia ma na celu ustabilizowanie ciśnienia. W przeciwnym razie przejście gazu pod ciśnieniem przechodzi bezpośrednio do stężonego kwasu siarkowego, co może być przyczyną wypadków. Pusta butelka jest następnie połączona z drugą butelką zawierającą stężony kwas siarkowy. Stężony kwas siarkowy jest używany do suszenia zanieczyszczeń oraz wilgoci.

Trzecia butelka do mycia zawiera chlorek wapnia. Ponieważ gaz azot ulatniający się z butli ze   stężonym kwasem siarkowym może przenosić razem z nim pewne ilości kwasu siarkowego, zasad i dwutlenku siarki. Może to prowadzić do wypadków. Ponieważ chlorek wapnia działa jako środek osuszający, absorbuje on stężony kwas siarkowy, zasady lub dwutlenek siarki. Ponadto absorbuje on również wilgoć zawartą w gazie azotowym, dzięki czemu pomaga w zapobieganiu wypadkom.

4.2.2   Lanca

Z końcowej butelki do mycia gaz jest wprowadzany do stopionego metalu za pomocą lancy odgazowującej. Lanca odgazowująca składa się z łagodnych rur stalowych o różnych średnicach. W niniejszym opracowaniu zastosowano mniejsze i większe rurki o średnicach odpowiednio 2,3 cm i 5 cm. Większa rura wiercona jest równomiernie na całym obwodzie, wykonując otwory o średnicy 5 mm. Otwory te pomagają gazom równomiernie wnikać do stopionego metalu. Lanca odgazowująca jest podłączona do butli z węglanem wapnia za pomocą rurki gumowej i sutka, który jest przyspawany do końca rury o mniejszej średnicy. Powierzchnia lancy odgazowującej jest całkowicie pokryta pastą składającą się z drobno sproszkowanej gliny ogniotrwałej, krzemianu sodu i wody w pożądanej proporcji. Pomaga to lancy wytrzymać wysokie temperatury, tzn. powłoka działa jak ogniotrwała. Perforowana część lancy jest zanurzana w stopionym metalu podczas odgazowywania.

4.2.3 Warunki badania

Warunki tj. ciśnienie azotu, natężenie przepływu azotu z butli oraz czas odgazowania były utrzymywane na stałym poziomie przez cały czas trwania badania w następujących optymalnych wartościach w celu osiągnięcia skutecznego odgazowania.

1. Ciśnienie gazu azotowego z butli z azotem-2.4
   Kg/sq cm
2. Natężenie przepływu gazu azotowego - 4,5 litra/minutę
3. Czas odgazowania 3 minuty

Powyższe wartości uznano za optymalne do przeprowadzenia odgazowania kompozytów Al. Skuteczność procesu odgazowania zależy od głębokości wytopu. Przy niższych wartościach powyższych parametrów zaobserwowano zmniejszenie skuteczności odgazowania. Wynikało to z niższych wartości ciśnienia; natężenie przepływu i czas przepływu gazu nie były wystarczające, aby spowodować penetrację na całej głębokości stopu.

Z drugiej strony, wyższe wartości ciśnienia, natężenia przepływu i czasu przepływu gazu mają również negatywny wpływ na odgazowanie. Wartości te powodowały nadmierne pęcherzenie stopionego metalu, co powodowało wytrącanie się stopionego stopu z tygla.

4.3 Ogrzewanie wstępne

Piec muflowy służył do wstępnego podgrzewania cząstek zbrojenia czerwonego błota do temperatury 400oC i temperatura ta była utrzymywana do momentu wprowadzenia wszystkich cząstek zbrojenia do stopu aluminium. Wstępne podgrzanie zbrojenia jest konieczne w celu zmniejszenia gradientu temperatury pomiędzy stopionym metalem a zbrojeniem z czerwonego szlamu, w celu poprawienia jakości czerwonego szlamu.

zwilżalność i zmniejszenie różnicy w energiach powierzchniowych zarówno matrycy, jak i wzmocnienia.

Płyta 5: Piec muflowy do wstępnego podgrzewania zbrojenia czerwonego błota

4.4 Topienie stopu matrycowego

Znane ilości stopu aluminium Al 6061 wlewki były trawione w 10% roztworze NaOH w 25oC przez 10 minut. Wytrawianie przeprowadzono w celu usunięcia zanieczyszczeń z powierzchni. Powstałe łuski usuwano przez zanurzenie wlewków na 1 minutę w mieszaninie 1 części kwasu azotowego i 1 części wody, a następnie przemywanie w metanolu. Oczyszczone wlewki wprowadzono do tygla tlenku glinu, który umieszczono w piecu do topienia.

Temperatura topnienia stopu aluminium wynosi 660oC. Stop został przegrzany do temperatury 730oC i temperatura ta była utrzymywana przez 10 minut, aby zapewnić całkowite wytopienie stopu. Temperatura została zarejestrowana za pomocą termopary chromelowo-aluminiowej. Stopiony metal został następnie odgazowany za pomocą oczyszczonego azotu. Gaz został przepuszczony przez zespół środków chemicznych i przeprowadzono jego oczyszczanie. Ułożono je w szeregu (tj. stężony kwas siarkowy, bezwodny chlorek wapnia) i przepuszczano azot z prędkością 4,5 litra/minutę pod ciśnieniem 2,4 kg/sq.cm przez ok. 8 minut. Do mieszania stopionego metalu użyto wirnika ze stali nierdzewnej lub mieszadła pokrytego glinitem i utworzono wir. Powłoka glinitowa jest niezbędna w celu zapobieżenia migracji jonów żelaznych z materiału mieszadła do stopionego metalu, a tym samym w celu zapobieżenia zanieczyszczeniu stopionego metalu. Wirnik używany do mieszania był typu odśrodkowego, trzy łopatki spawane pod kątem 45 stopni i 120 stopni od siebie.

Mieszadło obracało się z prędkością 500 obr/min, a wir stanowił 60% wysokości stopionego metalu z powierzchni stopionej. Powyższe parametry uzyskano z badań optymalizacyjnych, jak wyjaśniono powyżej. Następnie wzmocnieniu poddano cząstki czerwonego błota, które zostały wstępnie podgrzane w piecu i wprowadzono do wiru z prędkością 120 g/min.

Mieszanie było kontynuowane do momentu, gdy interakcja pomiędzy cząstkami wzmocnienia a matrycą sprzyjała zwilżaniu. Następnie topienie odgazowywano czystym azotem przez około 3-4 minuty i w temperaturze przegrzania wlewano do podgrzanej formy w celu osadzenia cylindrycznych odlewów prętowych.

Tabliczka 6: Wtopiony w formę

Płyta 7: Formy żeliwne

Metoda odlewania w niniejszym dochodzeniu była podobna do metody stosowanej przez Krupakara *i in.*

Płyta 8: Pręty cylindryczne po procesie odlewania

4.5 Parametry przygotowania cząsteczek glinu

Złożony

Kształt i morfologia odgrywają ważną rolę w uzyskaniu jednolitej dyspersji dyspergatorów w odlewie. Wcześniejsze doniesienia wskazują, że trudno byłoby rozproszyć duży procent objętościowy cząstek miki w postaci płatków w stopach aluminium, natomiast dyspergatory takie jak cyrkon, korund są bliskie morfologii sferycznej. W związku z tym z dużą łatwością zostałaby ona rozproszona w stopach aluminium w dużych ilościach. W niniejszych badaniach wykorzystano kuliste czerwone cząstki wzmocnienia błota o wielkości 50-80μm. Ponieważ zastosowany w niniejszych badaniach dyspersoid był cząstką stałą, możliwe było rozproszenie tylko do 6% cząstek zbrojenia w stopach eliminacyjnych.

4.5.1 Temperatura i czas trwania obróbki wstępnej cząstek wzmocnienia

Cząsteczki wzmacniające były wstępnie podgrzewane do temperatury 400oC, przez dwie godziny. Zaobserwowano, że po podgrzaniu wstępnym dyspersja była bardziej równomierna, a także stwierdzono, że odlew był zdrowy przy mniejszej porowatości. Wstępne podgrzanie cząstek zbrojenia do temperatury 400oC spowodowało usunięcie z powierzchni pochłoniętej warstwy gazów. Zaabsorbowaną warstwę gazów można usunąć również za pomocą obróbki próżniowej. Ale w porównaniu z obróbką próżniową, obróbka wstępna ma pewne zalety, ponieważ może zmniejszyć chłodzenie stopu, które nastąpiłoby w wyniku dodania dużych ilości cząstek. Stwierdzono, że optymalna temperatura wstępnego podgrzewania dla cząstek wzmacniających wynosi 400oC. Cząstki te zostały wstępnie pokryte srebrem, aby nadać im lepsze wiązanie.

4.6 Odgazowanie wytopu

Płytka 9: Tabletka odgazowująca

Stopione kompozyty mogą być odgazowywane za pomocą tabletek odgazowujących, które zawierają heksachloroetan, a także przez przepuszczenie azotu. W ten sposób w procesie odgazowywania wchłonięty wodór został usunięty ze stopu. Odgazowywanie odbywało się w celu zmniejszenia ilości otworów wydmuchowych i zminimalizowania porowatości w odlewni. Zoptymalizowano natężenie i ciśnienie przepływu, tak aby uzyskać liczbę pożądanych odlewów MMCs do badań korozyjnych.

4.7 Prędkość obrotowa i konstrukcja stosowanego wirnika

Wir na powierzchni stopu był niezbędny do rozproszenia cząstek zbrojenia w stopionym aluminium, mieszając stopiony metal przy wyższych prędkościach tworzyłby bardziej intensywny wir, ale przy bardzo wysokich prędkościach   dochodzi do uwięzienia powietrza. W ten sposób utrzymano optymalną prędkość obrotową na poziomie 500 obr. Optymalną prędkość obrotową można by utrzymać poprzez standaryzację prędkości mieszania wirnika w wodzie przy użyciu barwnego pigmentu jako dyspergatora.

4.8   Czas pobytu

Czas pobytu to rzeczywisty czas, przez jaki cząstki wzmocnienia są utrzymywane w stopie. Innymi słowy, jest to czas trwania tuż po wprowadzeniu cząstek zbrojenia do stopu i tuż przed zakończeniem krzepnięcia kompozytu stopionego w matrycy. Stwierdzono, że optymalny czas przebywania wynosi tu od 5 do 7 minut. Po wydłużeniu czasu przebywania powyżej 7 minut stwierdzono, że cząstki zbrojenia ulegają segregacji. Gdy czas przebywania był niski, (mniej niż 5 minut) rozkład cząstek w odlewie nie był równomierny, a w kompozytach zaobserwowano kilka otworów wydmuchowych.

4.9   Temperatura zalewania

W trakcie całego   badania kompozyty były przygotowywane poprzez utrzymywanie stopionego metalu w temperaturze 730oC w celu ułatwienia łatwego przepływu stopionego metalu. Temperatura topnienia stopu Al 6061 wynosi 660oC, w związku z czym stop został superogrzany do temperatury 730oC, a spadek temperatury oszacowano na 20oC w czasie wlewania do stałej formy. Jednakże wzrost temperatury trzymania spowodował flotację cząstek zbrojenia, ponieważ lepkość stopu była niska w wysokiej temperaturze, a wydajność była mniejsza.

4.10   Stopień dodawania dyspersji (Dispersoid)

Stopień dodania cząstek zbrojenia odgrywał ważną rolę w uzyskaniu równomiernego rozproszenia i rozprowadzenia cząstek w odlewie kompozytowym. Po zwiększeniu szybkości dodawania powyżej 120gm/min stwierdzono, że cząstki zbrojenia ulegają segregacji na powierzchni stopu. Gdy jednak szybkość dodawania cząstek była mniejsza, czas przebywania był zbyt długi, co powodowało wydłużenie czasu odlewania i zmniejszenie sypkości. Stwierdzono więc, że optymalną prędkością dodawania jest 120 gm/min.

4.11 Badania mikrostrukturalne

Badania mikroskopowe nad właściwościami strukturalnymi metalu lub stopu przeprowadzono przy użyciu mikroskopu optycznego połączonego z komputerem. Dzięki temu możliwe było określenie wielkości ziaren, kształtu, rozkładu różnych faz i inkluzji, które mają duży wpływ na szybkość korozji w metalu. Mikrostruktura ujawniłaby szybkość korozji w obrabianym termicznie metalu, dzięki czemu możliwe byłoby przewidzenie jego zachowania korozyjnego w danym zestawie warunków.

4.11.1 Pobieranie próbek

Wybór próbki do badań mikroskopowych może być bardzo ważny. Jeżeli ma być badane uszkodzenie metaliczne, powierzchnia wybranej próbki powinna być zbliżona do powierzchni uszkodzonego metalu i powinna być porównana z powierzchnią pobraną z części normalnej. Próbka powinna być przechowywana w chłodnym miejscu podczas operacji cięcia.

W niniejszych badaniach próbki pobrano z odlewów w różnych rejonach przy użyciu maszyny tnącej i poddano obróbce mechanicznej w celu uzyskania próbek o wymaganych wymiarach.

4.11.2 Szlifowanie zgrubne

Próbki wybrane do badań korozyjnych powinny mieć rozmiary wygodne w użyciu. Próbka miękka może być wykonana na płasko poprzez powolne przesuwanie jej po powierzchni płaskiego, gładkiego pilnika. Próbka miękka lub twarda utrzymywana jest w stanie chłodnym poprzez częste opadanie wody podczas szlifowania. We wszystkich operacjach szlifowania i polerowania, próbka powinna być przesuwana prostopadle do istniejących zarysowań. Ułatwiłoby to rozpoznanie głębszych zarysowań, które zostały zastąpione płytszym materiałem ściernym drobnoziarnistym. Szlifowanie zgrubne było kontynuowane do momentu, gdy powierzchnia była płaska i pozbawiona rys, zadziorów itp. Zadrapania spowodowane pęknięciem lub odcięciem tarczy nie były już widoczne.

4.11.3 Montaż

Próbki o małym lub nieregularnym kształcie należy montować w celu ułatwienia pośredniego i końcowego polerowania. Przewody i arkusze blachy tworzące próbki metalowe o cienkich przekrojach muszą być odpowiednio zamocowane lub sztywno zamocowane w uchwycie mechanicznym.

Syntetyczne tworzywa sztuczne, takie jak żywica termoutwardzalna, są stosowane w specjalnej prasie montażowej, dzięki czemu uzyskuje się formy o jednolitym i wygodnym rozmiarze (zwykle o średnicy 1 cala 30 mm), które można wykorzystywać w kolejnych operacjach polerowania. Odpowiednio wykonane uchwyty charakteryzują się wysoką odpornością na działanie odczynników trawiących, które są powszechnie stosowane do trawienia powierzchni próbki.

Bakelit jest najczęściej stosowaną żywicą termoutwardzalną używaną do mocowania próbek. Proszki do formowania bakelitu dostępne są w różnych kolorach, co ułatwia identyfikację zamocowanych próbek. Próbka oraz odpowiednia ilość proszku bakelitowego lub preformy bakelitowej jest umieszczana w cylindrze prasy montażowej. Temperatura jest stopniowo podnoszona do 150oC i jednocześnie stosowane jest ciśnienie formowania około 3649 mpa. Ponieważ i utwardzany po osiągnięciu tej temperatury, zamontowana próbka może być wyrzucona z matrycy do formowania, gdy jest jeszcze gorąca. Lukcyt jest całkowicie przezroczysty, gdy jest prawidłowo formowany. Przeźroczystość ta jest przydatna w przypadku konieczności obserwowania dokładnego przekroju, który jest poddawany polerowaniu lub w przypadku, gdy z jakiegokolwiek innego powodu konieczne jest widzenie całych próbek w oprawie. W przeciwieństwie do tworzyw termoplastycznych, żywice termoplastyczne nie są poddawane cięciu w temperaturze formowania, lecz chłodzeniu. Próbkę i odpowiednią ilość proszku lukrecjowego umieszcza się w prasie montażowej i poddaje działaniu takiej samej temperatury i ciśnienia jak w przypadku bakelitu (150oC i 3649 mpa). Po podwyższeniu temperatury powyżej 150oC, usunięto wężownicę grzewczą i umieszczono żeberka chłodzące wokół cylindra na około 7 minut w celu schłodzenia mocowania do temperatury poniżej 75oC i utrzymano ciśnienie formowania. Następnie uchwyt został wyrzucony z formy. Uchwyt można wyrzucić, gdy jest jeszcze gorący lub pozwolić mu na powolne schłodzenie do zwykłej temperatury w cylindrze formującym. W przeciwnym razie uchwyt będzie wyglądał nieprzezroczysty.

Próbki cienkiej blachy mogą być wygodnie montowane do badań metalograficznych w laboratoryjnym urządzeniu zaciskowym. W przypadku, gdy takie cienkie próbki zamocowane w urządzeniu zaciskowym są naprzemiennie z metalowymi płytami wypełniającymi, które mają w przybliżeniu taką samą twardość jak próbki. Zastosowanie arkuszy wypełniaczy pozwoli na zachowanie nierówności powierzchni próbki, a także w pewnym stopniu zapobiegnie zaokrągleniu krawędzi próbki podczas polerowania.

4.11.4 Polerowanie pośrednie

Po zamocowaniu, próbkę wypolerowano na serii papierów ściernych zawierających kolejno drobniejsze materiały ścierne. Pierwszym papierem był zazwyczaj papier nr 1. Następnie stosowano papier 1/0, 2/0, 3/0 i wreszcie 4/0. Powierzchnie po pośrednich operacjach polerowania papierem emeryturowym były zazwyczaj suszone, jednak w niektórych przypadkach, np. przy przygotowywaniu miękkich materiałów, można stosować ścierniwo z węglika krzemu. W porównaniu z papierem szmerglowym, węglik krzemu ma większą wydajność usuwania materiału, a ponieważ jest związany żywicą, może być używany ze środkiem smarnym. Zastosowanie środka smarującego zapobiega przegrzaniu próbki, minimalizuje rozmazywanie się miękkich metali, a także zapewnia spłukiwanie produktów powierzchniowych, dzięki czemu papier nie zapycha się. W niniejszym badaniu polerowanie pośrednie uzyskano przy użyciu arkuszy szmatki wodnej (od nr 100 do 800 w krokach po 100).

4.11.5 Polerowanie dokładne

Czas potrzebny na wypolerowanie i jego powodzenie zależą w dużej mierze od staranności, jaką wykonano podczas poprzednich etapów polerowania. Ostateczną, płaską, wolną od zarysowań powierzchnię uzyskano metodą rotacyjną.

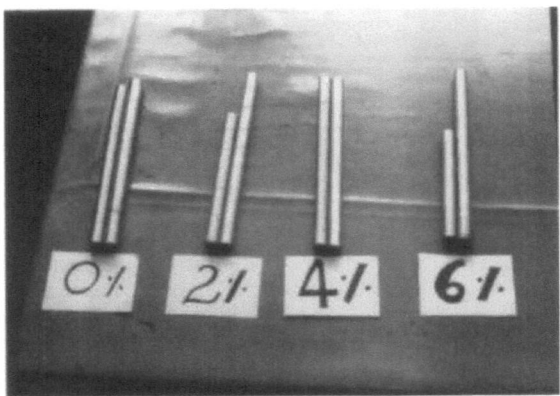

Płyta 10: Pręty cylindryczne po obróbce mechanicznej i polerowaniu

Po zakończeniu wszystkich procedur polerowania, przed poddaniem próbek badaniu mikrostrukturalnemu, były one przechowywane w eksykatorach w celu uniknięcia dalszej korozji spowodowanej atakiem wilgoci atmosferycznej. Później próbki były obserwowane

58

pod mikroskopem optycznym o wysokiej rozdzielczości. Z powyższych polerowanych prętów cylindrycznych wykonano próbki do wszystkich badań korozyjnych.

4.12 Badania nad mikrostrukturą

Ważną cechą kompozytu ZA-27 / popiół lotny, którą należy zapewnić, jest rozmieszczenie cząstek kwarcu w odlewie. Na rozmieszczenie cząstek kwarcu ma wpływ tendencja cząstek do unoszenia się na powierzchni wody ze względu na różnice gęstości i oddziaływania z materiałem zestalającym się. Z tych powodów badanie mikrostruktury ZA-27 / kompozytów kwarcowych jest konieczne i ważne. Szczegóły przeprowadzonych badań podano w kolejnych punktach.

4.12.1 Przygotowanie próbek

Wybór próbki do badań mikroskopowych jest bardzo ważny. W niniejszych badaniach próbki otrzymano z różnych rejonów odlewów przy użyciu piły hakowej i obrobiono do walca o średnicy 20 mm i długości 20 mm. Próbki te najpierw poddano procesowi szlifowania i polerowania, a następnie wytrawiania zgodnie z wymaganiami norm ASTM E3.

4.12.2 Szlifowanie i polerowanie

Po zwykłym szlifowaniu i obróbce skrawaniem, próbki zostały zgrubnie wypolerowane na papierze z węglika krzemu o ziarnistości 100, 200, 400, 600, 800 i 1200. Papiery te są mniej podatne na obciążenia niż papiery szmaragdowe. Polerowanie przeprowadzono trzymając próbkę w ręku i ścierając ją gładko o papiery ułożone na płaskiej powierzchni. Zadbano o to, aby nie powstały głębokie rysy na przekroju poprzecznym. Unikało się dalszego nadmiernego nagrzewania podczas polerowania, ponieważ stopy ZA zawierają wiele przerzutujących faz. Drobne polerowanie wykonano przy użyciu pasty z tlenku magnezu, a następnie pasty diamentowej. W tym przypadku użyto maszyny polerskiej. Platforma została pokryta aksamitną tkaniną. Do polerowania tlenku magnezu i diamentów użyto oddzielnych platform. Podczas precyzyjnego polerowania pastą z tlenkiem magnezu, zarówno ręce, jak i próbkę należy umyć wodą pomiędzy nimi, aby zapobiec przenoszeniu grubszego ziarna z poprzednich etapów. Po wypolerowaniu tlenkiem magnezu, po wymianie platformy, próbki zostały ostatecznie wypolerowane przy użyciu pasty diamentowej o grubości 1 mm. Następnie próbki oczyszczono alkoholem i przedmuchano ciepłym powietrzem. Następnie wykonano mikrostruktury za pomocą mikroskopu optycznego.

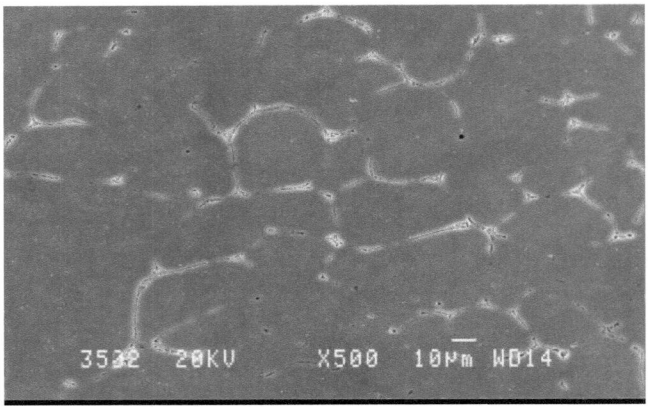

Płytka 11: Mikrostruktura matrycy Al 6061

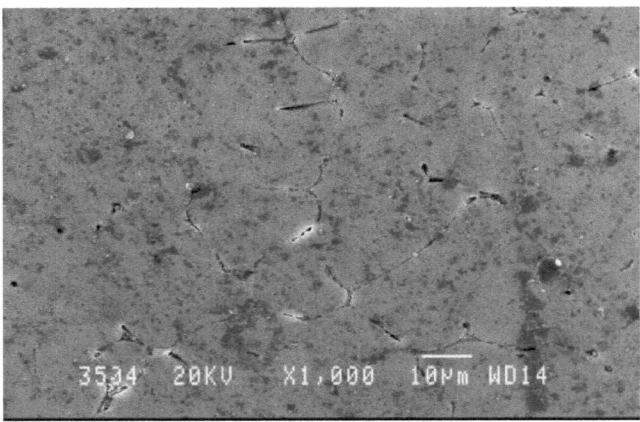

Płytka 12: Mikrostruktura Al 6061 z 2% czerwonym błotem

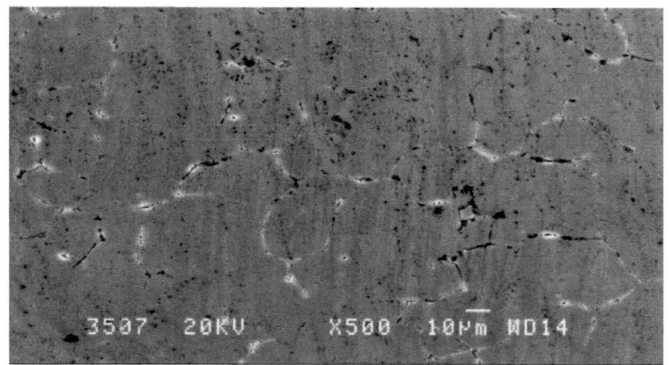

Płytka 13 Mikrostruktura Al 6061 z 4% czerwonym błotem

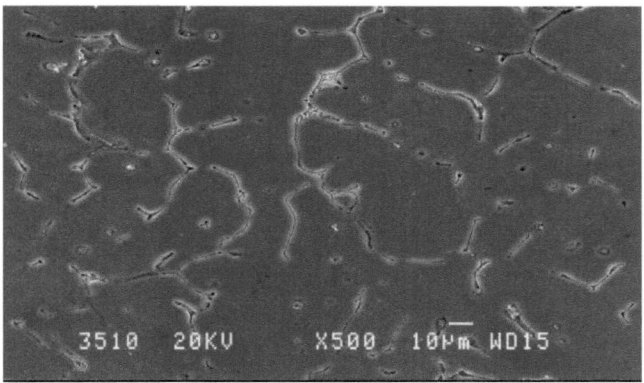

Płytka 14: Mikrostruktura Al 6061 z 6% czerwonym błotem

Na rysunkach 11-14 przedstawiono mikrostrukturę matrycy i kompozytów pobranych przy użyciu skaningowego mikroskopu elektronowego. W kompozytach na metalowej osnowie obserwuje się równomierny rozkład cząstek czerwonego błota.

ROZDZIAŁ 5
BADANIA I PROCEDURY DOTYCZĄCE KOROZJI
5.1 Korozja statyczna

Badanie korozyjności statycznej przeprowadzono metodą zanurzeniowej utraty masy statycznej. Próbki do badań przygotowano zgodnie z normą ASTM G69-90. Próbki do badań wykonano na standardowych krążkach o średnicy 20 mm i wysokości 20 mm. Przed wykonaniem próby powierzchnie próbek przeszlifowano papierem z węglika krzemu o siatce 1000 i wypolerowano w krokach od 1,5 do 3μm diamentem w celu uzyskania lustrzanej powierzchni. Przed poddaniem próbek testowi korozyjnemu na ubytek masy próbki były następnie spłukiwane wodą, acetonem i dokładnie suszone; próbki były ważone z dokładnością do czwartego miejsca po przecinku.

Płytka 15: Próbki użyte do badania utraty masy i korozji.

Procedura przyjęta dla pomiaru szybkości korozji była następująca. Procedury polerowania według norm ASTM przeprowadzono dla 2%, 4% i 6% zbrojenia, a jednolitą dyspersję cząstek badano za pomocą mikroskopu optycznego. Zastosowano różne stężenia kwasu solnego, NaCl, NaOH, mieszanin roztworów NaCl i NaOH oraz wody morskiej. Test korozyjności utraty masy przeprowadzono na wszystkich rodzajach próbek, zmieniając czas ekspozycji od 24 do 96 godzin, w krokach co 24 godziny. Kołyski zawierające mierzone próbki przechowywano wewnątrz zlewki, w której znajdowało się 200 cm3 materiału korozyjnego. Stosunek 50ml korodenta do 1mm2 powierzchni próbki był zgodny z normami

ASTM. W celu zminimalizowania zanieczyszczenia roztworu wodnego oraz strat spowodowanych odparowaniem, zlewki przez cały okres badań pokryto bibułą parafinową.

Płytka16: Ubytek masy Uszkodzenia korozji Ustalenia testowe

Po przeprowadzeniu próby korozyjnej, próbki zanurzono na 10 minut w roztworze acetonu i delikatnie oczyszczono miękką szczotką w celu usunięcia przylegających łusek. Po dokładnym wysuszeniu, próbki zostały ponownie zważone w celu określenia procentowego ubytku masy, ubytku masy przypadającego na obszar ekspozycji. Szybkość korozji obliczano za pomocą równania.

$$\text{Stopień korozji} = \frac{534W}{DAT}\text{mpy}$$

Gdzie W oznacza ubytek masy w gramach, D oznacza gęstość próbki (g/cc), A oznacza powierzchnię próbki (cm2), a T oznacza czas ekspozycji w godzinach. Szybkość korozji wyrażana jest w milisach na rok (mpy) (356).

Po wykonaniu testu, skorodowane powierzchnie próbek badano pod skaningowym mikroskopem elektronowym.

5.2 test potencjału w układzie otwartym

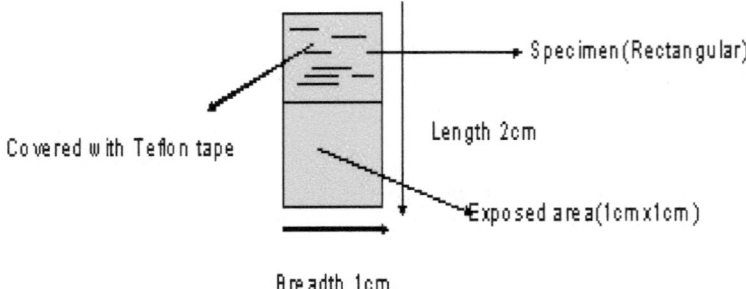

Płytka17: Próbka użyta do testu potencjału w układzie otwartym

Do badań potencjału w układzie otwartym użyto próbek o kształcie prostokątnym wykonanych z osnowy oraz próbek MMC wzmocnionych kwarcem w ilości 2%, 4%, 6%. Wszystkie te próbki miały wymiary 2cm długości, 1cm szerokości i 1mm grubości. Próbki te zostały przygotowane przy zastosowaniu standardowej procedury metalograficznej. Wymiary te zostały zanotowane przy użyciu gazy Verniera.

Jeden centymetr kwadratowy każdej próbki został poddany działaniu czynnika korozyjnego i połączony z obwodem zawierającym drut aluminiowy, elektrodę kalomelową i multimetr. Każda z badanych próbek była zanurzona w próbce, zawierającej różne stężenia kwasu solnego, chlorku sodu, wodorotlenku sodu oraz równobiegunowe stężenia roztworów chlorku i wodorotlenku sodu.

Potencjał obwodu otwartego (nazywany również potencjałem   równowagi lub potencjałem spoczynkowym, albo potencjałem korozji) jest potencjałem, przy którym nie ma prądu, a doświadczenia oparte na pomiarze potencjału obwodu otwartego nazywane są doświadczeniami potencjometrycznymi. W obwodzie otwartym pomiary potencjałów metodą eksperymentalną są bardzo proste i mają również wiele ważnych zastosowań.

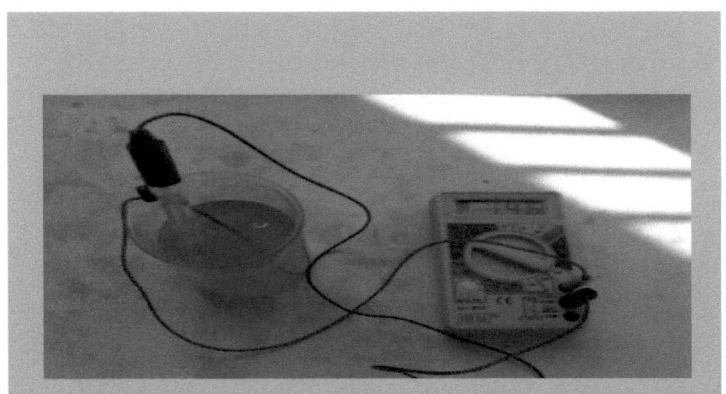

Płytka 18: Układ komórek do badań potencjału w układzie otwartym

Urządzenie zawiera multimetr, za pomocą tego multimetru zmierzono rezystancję, prąd zmienny, stały i napięcie. Multimetr jest wyposażony w dwa przewody spustowe i pracuje z ogniwem o pojemności 9 V. Do mocowania próbki użyto drutu aluminiowego. Przed przystąpieniem do badań każda próbka była czyszczona w acetonie przez pięć minut i suszona na powietrzu, a następnie podłączana do przewodu. Drut aluminiowy został odpowiednio pokryty taśmą teflonową w taki sposób, że nie był narażony na działanie czynnika elektrolitycznego.

Próbka została wykonana jako anoda, a katoda miała być elektrodą odniesienia, która była standardową elektrodą kalomelową. Obie elektrody podłączono do multimetru, a następnie włączono multimetr do pomiaru napięcia stałego, które powstało po zanurzeniu próbek w różnych stężeniach kwasu solnego, chlorku sodu, wodorotlenku sodu i równobiegunowych roztworów NaOH i NaCl, które wykorzystano jako roztwory elektrolitów (mediów korozyjnych).

Wytworzone napięcie było wskazywane przez multimetr i to samo było odnotowywane dla każdej godziny przez okres siedmiu dni. Taką samą procedurę stosowano dla wszystkich czterech próbek i mierzono potencjał korozyjny dla wszystkich próbek.

Wyniki są skomputeryzowane, a wykresy symulacyjne wykonano na podstawie czasu zanurzenia próbki w stosunku do opracowanego potencjału korozyjnego.

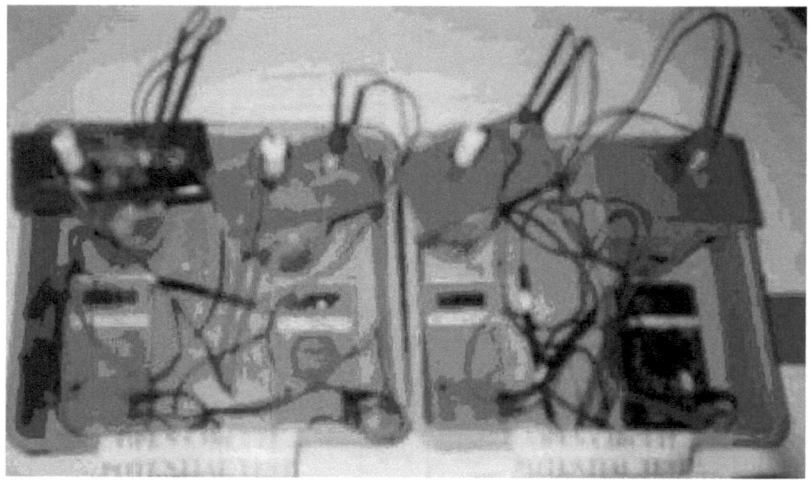

Płytka 19: Sprzęt używany do badania potencjału w układzie otwartym (dla wszystkie cztery okazy)

5.3 Test Galwanostatu (Technika Polaryzacji Potencjalodynamicznej)

Galvanostat jest urządzeniem elektronicznym, w którym można kontrolować prąd elektrody roboczej i mierzyć jej potencjał. Ze względu na reakcję elektrochemiczną, zmiana potencjału odbywa się pomiędzy elektrodą roboczą i elektrodą odniesienia i była monitorowana za pomocą woltomierza o wysokiej impedancji wejściowej, ponieważ woltomierz został wyposażony w wejście pływające.

Galvanostat musi spełniać podwójną funkcję z elektrodami o różnej wielkości i powierzchni zanurzonymi w roztworach o różnej przewodności. Galvanostat może być pulsujący bardzo szybko, skanowany bardzo wolno lub utrzymywany przy stałym prądzie, stąd potencjał ogniwa może być bardzo wysoki lub bardzo niski. Dlatego też Galvanostat jest w zasadzie wzmacniaczem czułym na błędy. Wzmacniacz kontrolny jest sercem Galvanostatu, jest również związany z kompensacją fazową lub siecią stabilizującą. Następca napięcia służy jako bufor zapobiegający obciążeniu elektrody referencyjnej. W tej konfiguracji każdy sygnał zewnętrzny może być łączony z wejściami wzmacniacza sterującego poprzez własny rezystor. Spadek napięcia na rezystorze omowym, który połączony szeregowo z elektrodą roboczą, był sprzężeniem zwrotnym do wzmacniacza sterującego, dzięki czemu pomagał w sterowaniu prądem przez ogniwo.

Zachowanie elektrochemiczne badano stosując cykliczną polaryzację w 1M roztworze HCl w temperaturze pokojowej. Roztwór był odgazowywany przez przepuszczanie azotu przez 1 godzinę przed pomiarem, co pomogło w określeniu zachowania się polaryzacji.

Efekty polaryzacji mogą być zamaskowane przez zastosowanie odpowiednich roztworów napowietrzanych, gdzie potencjał korozji zbliża się do potencjału wżerowego. Zachowanie polaryzacji zostało zbadane dla zakresu potencjału od -1300mv do 500mv (SCE), a potencjał powrócił do -1399mv przy użyciu stosunkowo wolnego tempa skanowania 0,33mv/Sec.

Do wszystkich pomiarów polaryzacji wybrano materiał elektrody tarczowej o średnicy 12 mm.

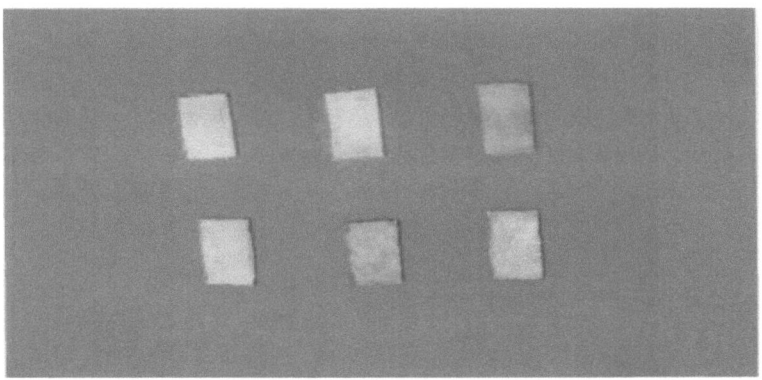

Płytka 20: Próbki użyte do badania potencjostatu/galwanostatu

Przed poddaniem próbek badaniu polaryzacyjnemu były one szlifowane na płasko i polerowane do 1μm długości 2cm i szerokości 1cm. Pomiary elektrochemiczne wykonano bezpośrednio po polerowaniu. W celu zapewnienia powtarzalności wyników, badaniom poddano co najmniej trzy oddzielne próbki.

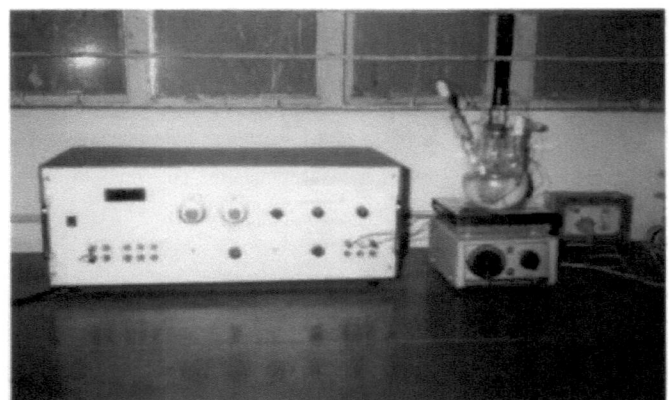

Płytka 21: Potencjostat / Galvanostat Instrument

5.3.1 Sprzęt

Zastosowany potencjostat-Galwanostat (model CL95) składa się z generatora, plotera graficznego, elektrody referencyjnej (RE), elektrody kalomelskiej (CE), elektrody roboczej (WE) oraz pięciokrotnej kolby płaskodennej. Szyjka jednolitrowej kolby okrągłodennej (jak pokazano na tabliczce 19) została zmodyfikowana tak, aby ułatwić wprowadzenie do niej różnych elektrod, wlotu gazu, rurek wylotowych i termometru. Do oddzielenia roztworu luzem od nasyconej kalomelowej elektrody odniesienia zastosowano mostek sondy Lug Gina z solą, a końcówkę sondy wyregulowano tak, aby znajdowała się blisko elektrody roboczej.

5.3.2 Przyrządy pomiarowe potencjałów

Obwód pomiaru potencjału powinien mieć wysoką impedancję wejściową rzędu od X^{11} do X^{14} Ohm, tak aby zminimalizować prąd pobierany z układu podczas pomiaru. Zastosowany przyrząd miał wystarczającą czułość, dokładność i zakres pomiarowy potencjału od -0,6 do 1,6 V, stąd zastosowano go do wykrywania zmiany potencjału o 1,0mV.

5.3.3 Galwanostat

Zastosowany Galvanostat utrzymywał prąd elektrody w zakresie 1micro ampera, wartość zadaną w szerokim zakresie zastosowanego potencjału. Dla typu i wielkości zastosowanej próbki standardowej, Galvanostat powinien mieć zakres prądowy od -0,6 do 1,6 ampera oraz zakres wyjściowy prądu anodowego od 1,0 do 100000 mikroamperomerów.

5.3.4 Uchwyt elektrody

Elektrody pomocnicze i robocze montowane są za pomocą rodzaju uchwytu, jak pokazano na tabliczce 19. Dla elektrody roboczej wymagany jest dłuższy uchwyt niż dla elektrody pomocniczej. Szczelny montaż uzyskuje się przez włożenie odpowiedniego paska ściskającego pomiędzy elektrodę i uszczelkę fluorowęglową. Przed badaniem, każda wypolerowana próbka była czyszczona w metanolu przez pięć minut, a następnie suszona na powietrzu. Wypolerowane, oczyszczone próbki zostały połączone z miedzianymi uchwytami (WE). Jeden centymetr kwadratowy powierzchni próbki został poddany działaniu elektrolitu, a pozostała część powierzchni została pokryta taśmą teflonową. Do badań użyto odpowietrzonych roztworów NaCl o stężeniu 0,035, 0,35 i 3,5% jako mediów korozyjnych.

5.3.5 Opis obwodu

Potencjostat \ galwanostat składa się ze wzmacniacza kontrolnego i mocy do wstrzykiwania napięcia prądu do ogniwa elektrochemicznego. W potencjostacie elektroda referencyjna (RE) podłączona do elektrody roboczej jest wykrywana przez dozownik napięcia (VF) i doprowadzana z powrotem do wzmacniacza sterującego w trybie pracy potencjostatu. W trybie galwanostatu prąd przez elektrodę roboczą przepływa przez rezystancję pomiarową prądu i w trybie galwanostatu podawany jest z powrotem do wzmacniacza sterującego. Wewnętrzne napięcie referencyjne (RV) jest generowane przez Zen referencyjny, dzięki czemu Zen referencyjny jest wykorzystywany do regulacji napięcia w całym ogniwie elektrochemicznym. Spadek napięcia na rezystancji pomiarowej prądu jest wzmacniany (AMP) do określonych skalibrowanych zakresów i może być odczytywany na cyfrowym mierniku panelowym. Dostarczane jest również wyjście rejestratora. Przewidziane jest również uzyskanie prądu logarytmicznego przez wzmacniacz logarytmiczny (LOG AMP). Potencjał elektrody odniesienia, która jest podłączona do elektrody roboczej, jest wyprowadzany przez miernik napięciowy, w celu rejestracji napięcia. Potencjał jest czerwony na mierniku panelowym poprzez przełącznik wyboru miernika. Zaobserwowano, że polaryzacja napięcia wejściowego jest taka sama jak polaryzacja elektrody roboczej w stosunku do elektrody odniesienia. Potencjał wyjściowy ma jednak odwrotną polaryzację, ponieważ rezystancja pomiaru prądu (RM) po wzmocnieniu jest ustawiana na 10 obrotów.

W potencjometrze frakcja spadku napięcia (IR) pomiędzy elektrodą odniesienia a elektrodą roboczą była sprzężeniem zwrotnym do sterowania wyjściem, gdy przyrząd był używany w trybie potencjostatu.

5.3.6 Specyfikacja

Tryb pracy	Potentiostat lub Galvanostat
Wewnętrzne napięcie referencyjne (REF VOLT)	Bezstopniowa regulacja od -2 V do +2 Volt. Dokładność ustawienia 0,25% pełnej skali
Aktualny zakres	0,01mA do 1Amp pełna skala w 6 krokach Pełna skala prądów daje 2 wolty przy 1 wyjściu
Rekompensata w IR	Bezstopniowa regulacja od 0%
Przełącznik funkcyjny (FUNKCJA)	Wybór opcji DUMMY CELL, SET AND MEASURE
EXT.CELL	Z przełącznikiem funkcji w pozycji MEASURE, zewnętrzna komórka jest podłączona do systemu CE = Elektroda przeciwprądowa RE = Elektroda odniesienia WE = Elektroda robocza
Przełącznik polaryzacyjny	Przełącznik biegunowości wybiera elektrodę roboczą (WE) jako katodową (-ve) lub anodową (+ve) w.r.t. Wybór biegunowości elektrody odniesienia (RE) ma zastosowanie tylko w przypadku zastosowania wewnętrznego odniesienia.
Przełącznik wyboru licznika (METER SELECT)	Zmierzyć potencjał elektrody odniesienia w.r.t. elektrody roboczej (E) lub prąd (I) przez układ.

Miernik	Stosuje się trzy i pół cyfry DPM. Gdy przełącznik wyboru miernika znajduje się w pozycji E, odczytuje on bezpośrednio potencjał elektrody odniesienia w.r.t. elektrody roboczej. Gdy przełącznik wyboru miernika znajduje się w pozycji 1, mierzy spadek napięcia w poprzek rezystancji pomiaru prądu. Pełna wartość prądu pokazana na panelu przednim odpowiada 2 V. W przypadku, gdy przełącznik wyboru miernika znajduje się w pozycji 1, mierzy on spadek napięcia w poprzek rezystancji pomiaru prądu.
EXT.SIG.I/P	Dwa niezależne wejścia dla zewnętrznych źródeł sygnału. Oporność wejściowa 500k omów. Maksymalny zakres wejściowy ±10 Volt
Wyjście	Napięcie RE w.w.r.t. WE jest wyprowadzane na oporność pomiarową prądu.

5.3.7 Kontrola potencjału

Rezystancja wejścia sterującego	500k
Zakres wejściowy sterowania	±10V
Otwórz ponownie pętlę	>100db
Zysk jednostkowy szerokość banku	4,0MHz
Wskaźnik obrotu	4V \Micro sec \volt
Mały czas narastania sygnału	Mniej niż j5 mikrosekundy volt
Pełna szerokość pasma mocy	10KHz

5.3.8 Bufor jednorodności

Impedancja wejściowa	X10^12 ohm
Szerokość pasma zwiększania jedności	4,5 MHz
Wskaźnik obrotu	9V \ mikrosekundę
Moc wyjściowa maks.	35 watów

71

5.3.9 Opis elementów sterujących

Włączanie/wyłączanie zasilania	Ilustrowany przełącznik
Przełącznik funkcji	Trójdrożny przełącznik pozycji manekina SET i MEASURE
Tryb pracy	Przełącznik dwupołożeniowy do wyboru trybu pracy potencjostatu lub Galvanostatu
Tłumik RPW	Potencjostat ten ma 10 obrotów, który jest używany do tłumienia pozostałego potencjału roztworu. Może to być potencjał pozytywny lub negatywny. Można go stłumić wybierając odpowiednią pozycję przełącznika biegunowości.
Potencjał REF	Za pomocą tego potencjometru możemy zastosować napięcie stałe o wartości $\pm 2V$ poprzez wybór biegunowości (przełącznik dwupołożeniowy).
Rekompensata w IR	Dzięki temu można skompensować spadek potencjału podczerwieni, aby uzyskać ustabilizowany prąd w ogniwie.
Wybór miernika	Prąd lub potencjał systemu można odczytać, wybierając przełącznik.
Aktualny zakres	Sześciopozycyjny przełącznik służył do wyboru odpowiedniej skali prądu w zakresie od 0,01mA do 1Amp.
Gniazda RE, & WE	Gniazda służące do podłączenia licznika, elektrody odniesienia i elektrody roboczej w systemie.
EXT.DIG(I\)	Dwa gniazdka służące do doprowadzenia prądu zewnętrznego do komórki.
E, I & Log I (o\u00261)	Punkty wyjściowe systemu rejestrującego EV I lub EV Log i.

5.3.10 Testowanie Potencjostatu / Galwanostatu

5.3.11 Testowanie z użyciem fałszywej komórki (Dummy Cell)

Do badań pracy potencjostatu/Galwanostatu użyto wygodnego manekina, który składa się z szeregowej kombinacji dwóch rezystorów Rl i R2. Wartości Rl i R2 zostały odpowiednio dobrane do badania zgodności napięciowej i obciążalności prądowej potencjostatu.

72

Podłączyć sieć rezystorową pomiędzy licznikiem (CE) a elektrodą roboczą (WE).Podłączyć złącze Rl i R2 do zacisków elektrody odniesienia (RE). Przyłożyć znane napięcie stałe z zasilacza standardowego przez zewnętrzne wejście potencjostatu.

Utrzymać wewnętrzne napięcie referencyjne na poziomie zerowym. Zmierzyć spadek napięcia w poprzek R2 był równy napięciu, które było podawane na wejście zewnętrzne. Sprawdzono, czy spadek w poprzek R2 jest równy wejściu dla innego prądu wyjściowego. Gdy wybrano Rl = 20 Ohmów i R2=1O0 Ohmów (każde 20 watów). Potencjostat dostarczałby 1 amper. Gdy sieć rezystorowa była połączona z R1 =R2=20 Ohm, do pomiaru spadku napięcia przez R2 i prądu przy kilku ustawieniach użyto wewnętrznego napięcia referencyjnego. Sprawdzono, czy spadek w poprzek R2 jest równy ustawionemu napięciu. Sieć rezystorowa połączona z R1 =R2=20 Ohm i 2 Volt została ustawiona na wewnętrznej wartości zadanej. Spadek napięcia na R2 wynosił 2 Volty. Kolejne 20 Ohmów zostało dodane równolegle do R2. W ten sposób prąd został zwiększony do 200mA, ale spadek napięcia w poprzek pozostał na poziomie 2 Volt. Później ustawiono 1 Volt na wewnętrznym wzorcu. Gdy potencjometr (100 Ohm) był zmieniony, spadek napięcia pozostawał stały, ale prąd był zmienny. Aby przetestować działanie galwanostatyczne, podłączono sieć rezystorów i przełącznik MODE do GALVANA. Gdy wartość R2 została zmieniona, prąd pozostałby stały. Na wewnętrznym wzorcu referencyjnym ustawiono sieć podobną do rys. potencjostatu i 1,0 volt. Spadek napięcia na kondensatorze wyniósłby 1 Volt nawet przy zmianie potencjometru 100 Ohm.

5.3.12 Ocena Potencjostatu / Galwanostatu

Ocena Potencjostatu i Galwanostatu odbywa się przy użyciu niklu jako elektrody roboczej (WE) w Kwasie Siarkowym. Zastosowana przeciwprądowa elektroda (CE) miała stal nierdzewną lub platynową płytę. Typowa krzywa polaryzacji anodowej dla 0,5 cm2 Ni w kwasie siarkowym, prędkość rampy +2V/5 min, zakres prądu: 100mA i kompensacja "IR" zostały wyregulowane w następujący sposób. W.E. został spolaryzowany anodowo o kilka mv od potencjału resztkowego. Przy tym potencjale zanotowano odczyt kompensacji "IR". Elektrodę wyjęto, oczyszczono i wypolerowano drobnym papierem ściernym. Następnie umieszczono ją w celi. Polaryzacja anodowa została zarejestrowana za pomocą ustawienia kompensacji "IR", jak opisano powyżej.

5.3.13 Instrukcja obsługi Galvanostatu

5.3.14 Ustawianie urządzenia

1. 1. Przełącznik funkcyjny został utrzymany w pozycji DUMMY CELL. W tej pozycji do wyjścia galwanostatu podłączono oporną ogniwo atrapy.

2. Gniazda EXT.SIG.I\P zostały podłączone do masy.

3. REF. Aktualny odczyt zachowany 0,00

4. Zwrócono uwagę, że ma to zastosowanie tylko w przypadku użycia wewnętrznego reflektora woltowego. Kiedy zewnętrzny. Wejścia zostały użyte, elektroda robocza była spolaryzowana -ve Keep w stosunku do elektrody odniesienia, gdy podane wejście było ujemne w stosunku do wspólnego (masy) i odwrotnie.

5. Tryb pracy został wybrany jako Galvanostatic (GALV AN).

6. IR Odczyt kompensacji został zachowany 0,00

7. Przełącznik zakresu napięcia został utrzymany w pozycji 1mv.

8. Urządzenie zostało podłączone do jednofazowej sieci elektrycznej 220V.

9. Instrument był włączony. Czerwona lampka pilotowa (POWER) świeciła się.

10. Zaobserwowano, że miernik będzie odczytywał minimum zarówno w pozycji "E", jak i w pozycji "I" przełącznika wyboru miernika.

5.3.15 Potencjał zapisu Vs. Aktualnie
(Potentiostat /Galwanostat Tryb pracy)

1. Jednostka została ustawiona w sposób opisany powyżej.

2. Do zacisków podłączono zewnętrzną elektrodę licznika ogniw CE, elektrodę odniesienia RE i elektrodę roboczą WE.

3. Przełącznik trybu pracy został ustawiony w pozycji POTEN/GALV.

4. Wybrano wymagany zakres prądu. (Zawsze uruchamiany z najwyższego zakresu prądów).

UWAGA: - w poniższej tabeli przedstawiono skalibrowaną rezystancję wybraną dla odpowiednich zakresów prądowych.

Zakres prądu (w mA)	Opór
0.01	100,0 K Ohms
0.10	10,0 K Ohms
1.00	1.0 K Ohms
10.00	100,0 Ohms
100.00	10,0 K Ohms
1000.00	1.0 Ohms

5. R.P.SUPPR trzymał się skrajnie przeciwnie do ruchu wskazówek zegara.

6. Przełącznik FUNKCJI obrócił się do pozycji SET.

7. Przełącznik wyboru licznika obrócony do pozycji E. Teraz przy ustawieniu pokrętła REF na 0.0V, miernik mógł odczytać "potencjał spoczynkowy" układu elektrod.

8. Za pomocą przełącznika R.P.SUPPR dobrano odpowiednią polaryzację i obracano potencjometrem R.P.SUPPR do momentu zakończenia danego eksperymentu.

9. Za pomocą przełącznika R.P.SUPPR dobrano prawidłową polaryzację i włączono galwanometr R.P.SUPPR do momentu zakończenia eksperymentu.

10. Przełącznik FUNKCJI został ustawiony w pozycji MEAS. Tylko w pozycji MEAS zasilanie zostało doprowadzone do zewnętrznej komórki.

11. Teraz podłącz EXT.SIG. W wolno zmieniającym się źródle napięcia stałego o wymaganej polaryzacji elektrody roboczej katodowo lub anodowo. Gdy wejście było katodowe i na odwrót, zauważono, że wyjście potencjałowe E miało odwrotną polaryzację w porównaniu do zastosowanego wejścia potencjostatu. Ponieważ istniała inwersja w potencjostacie

12. Wzmacniacz sterujący i napięcie było wykrywane przez elektrodę odniesienia w.r.t. elektrodą roboczą.

13. Teraz podłącz EXT.SIG. W wolno zmieniającym się źródle napięcia stałego o wymaganej polaryzacji elektrody roboczej katodowo lub anodowo. Kiedy

wejście było katodowe i na odwrót, zauważono, że wyjście prądowe miałem odwrotną polaryzację niż ta zastosowana na wejściu Galvanostatu. Ponieważ we wzmacniaczu kontrolnym była inwersja, a prąd był wyczuwalny przez elektrodę odniesienia w.r.t. pracującą elektrodą.

Prąd/napięcie przez ogniwo zostało zarejestrowane poprzez podłączenie rejestratora (impedancja wejściowa> 10 K Ohm) do wyjścia zaciskowego. Prąd w dwóch ogniwach mierzony był jako spadek napięcia przez rezystor pomiarowy.

Zakres prądowy: przełącznik wybiera różne opory. Pełna skala prądów dla każdego zakresu została wskazana na panelu przednim. Pełnoskalowa wartość prądu wytwarzana jest na poziomie 2 Volt.

Alternatywnie, wbudowany REF volt został użyty do spolaryzowania elektrody kiedykolwiek i powyżej potencjału resztkowego w sposób katoliczny lub anodowy poprzez ustawienie wymaganego potencjału na tarczy. Ustawiony potencjał można było odczytać na mierniku (lub na wyjściu E) tylko wtedy, gdy przełączniki FUNKCJI zostały ustawione w pozycji MEAS. Odpowiednie napięcie powstające na oporności pomiarowej prądu (spowodowane prądem przepływającym przez komorę) może być odczytane na mierniku z przełącznikiem METER SELECT w pozycji I. Aby zarejestrować logarytm prądu, przełącznik zakresu prądowego został umieszczony w wymaganym zakresie. Gdy byłem prądem przez układ, a RM była opornością pomiarową prądu, wtedy wyjście napięciowe w logu I było podawane przez:

ELOC = -Slog ([102].i.RM)

Poniższa tabela przedstawia zależność pomiędzy prądem I przez komórkę a odpowiadającym mu wyjściem logu w różnych zakresach prądowych.

Pozycja prądu przełącznik zasięgu	Prąd w mA	LOG I Wyjście w woltach
	00000.10	+ 1 0.000
1000 mA	00001.00	+5.000
	00010.00	0.000

(RM = 100 Ohmów)	00100.00	-5.000
	01000.00	-10.000
100 mA	00000.01	+10.000

	00000.10	+5.000
	00001.00	0.000
(RM = 100 Ohmów)	00010.00	-5.000
	000100.0	-10.000
	0000.001	+10.000
100 mA	00000.01	+5.000
	00000.10	0.000
(RM = 100 Ohmów)	00001.00	-5.000
	00010.00	-10.000

5.3.16 Badania korozyjne zgodnie z ASTM E 391-86

5.3.17 Szczegółowe kroki procedury

5.3.17.1 Przygotowanie próbek

1. Próbka została wyprodukowana (przy użyciu wodoodpornego siatkowego węglika krzemu 600 i 800).

2. Próbka została oznaczona w celu odsłonięcia wymaganego obszaru.

3. Do dokładnego umycia próbki użyto szczoteczki Vim & tooth.

4. Umył ją w Acetonie, wysuszył suszarką do włosów.

5. Wymiary próbki (długość, grubość i oddychanie) pobrano przy użyciu Digital Vemiera.

5.3.17.2 Czyszczenie komór i elektrod antykorozyjnych

6. Komorę korozyjną umyć wodą z użyciem bezchlorkowego detergentu w proszku i wyczyścić ją przy użyciu szczotki.

7. Następnie oczyścić komorę korozyjną wodą destylowaną wysuszoną w piecu.

8. Przeciwległość elektrody, elektroda robocza i elektroda odniesienia zostały oczyszczone wodą destylowaną.

5.3.17.3 Przygotowanie nasyconego roztworu chlorku potasu

9. Niektóre ilości proszku KCL zostały rozpuszczone w kolbie stożkowej i dobrze wymieszane.

10. Proszek KCL dodawany był do roztworu do momentu, gdy po potrząsaniu pozostała pewna ilość proszku.

11. Przygotowany roztwór wzorcowy został wlany do elektrody kalomelskiej.

5.3.17.4 Przygotowanie roztworu chlorku sodu

12. Dla określonego procentu masy, wymagane ilości chlorku sodu Kryształy zostały zważone przy użyciu wagi elektronicznej.

13. Do standardowej kolby wlać sól i dopełnić do kreski wodą destylowaną i dobrze wymieszać w celu uzyskania jednolitego stężenia.

5.3.18 Ustawienie komory korozyjnej

14. Próbka została zamocowana na końcu elektrody roboczej i umieszczona w ogniwie korozyjnym.

15. Elektroda referencyjna była trzymana w uchwycie w mostku kapilarnym.

16. Przeciwna elektroda została umieszczona.

17. Elektrolit korozyjny został wlany do komory korozyjnej (roztwór chlorku sodu/kwasu solnego).

18. Komórka jest trzymana na mieszadle magnetycznym.

5.3.19 Przeprowadzenie eksperymentu (test galwanostatyczny)

19. Uruchomiono mieszadło magnetyczne, które zapewniło właściwe mieszanie cieczy z ewentualnym wirem.

20. Elektroda robocza i elektroda odniesienia zostały podłączone do Galvanostatu.

21. Wskazówka Galvanostatu została obrócona na ustaloną pozycję, odczekała 30 minut i zanotowała POTENCJALNY POTENCJAŁ RESTU, gdy był stabilny.

22. Wskazówka galwanostatyczna została ustawiona w pozycji "SET" za pomocą RP SUPPRESSOR KNOB, a pozostały potencjał został stłumiony do zera napięcia. RP SUPPRESSOR POLARITY SWITCH był zawsze utrzymywany w pozycji ujemnej przed tłumieniem pozostałego potencjału.

23. Podłączyć milimetr pomiędzy licznikiem a galwanostatem, aby zmierzyć

odpowiedni potencjał dla przyłożonego prądu na elektrodzie roboczej.

24. Pozycja została zmieniona na "MIERNIK" i przyłożono 1 lub 2 miliampery i zmierzono odpowiednie napięcie.

25. W przypadku polaryzacji anodowej przełącznik polaryzacji znajdujący się poniżej REF VOLT KNOB został utrzymany w pozycji dodatniej.

26. Gdy napięcie było stabilne, wartość napięcia w stosunku do prądu udarowego Nagrane. Następnie prąd był zwiększany w krokach co 10 i odczekał kilka minut, aż odczyt ustabilizuje się i zmierzy odpowiednie napięcie.

27. Wykres VOLTAGE (E-Ecorr) Vs LOG i./ log gęstości prądu został wykreślony.

5.3.20 Opis doświadczenia (Potencjostat / Galwanostat)

Próbki wybrane do próby korozyjnej miały długość 10 mm i szerokość 10 mm, jak pokazano na płycie 25. Próbki poddano ścieraniu papierem ściernym w celu usunięcia zarysowań. Następnie wykonano polerowanie przy użyciu pasty z tlenku magnezu o rozmiarze   2 μm. Próbki wypłukano płynnym mydłem i wysuszono w acetonie.

Przy generowaniu wykresów polaryzacji potencjodynamicznej pozwolono elektrodom ustabilizować się na ich E cor przed późniejszą polaryzacją z szybkością skanowania 0,167mv/s. Dla każdego eksperymentu wygenerowano trzy lub więcej krzywych polaryzacji. Logarytm CD został uśredniony i wykreślony jako funkcja potencjału do generowania wykresów polaryzacji. Wykres uzyskano bezpośrednio z mikro komputera. Wszystkie potencjały określano jako RE. Ze względu na to, że powierzchnia przeznaczona do badań w środowisku korozyjnym została ograniczona do 1sqcm, zaprojektowano i wykonano specjalny uchwyt na próbkę w następujący sposób.

Uchwyt z cylindrycznej tulei teflonowej o średnicy 34 mm (średnica zewnętrzna) z wgłębieniem wewnętrznym, był gwintowany na jednym końcu metrycznym gwintem o średnicy głównej 17 mm i skoku 2 mm (M 17x2). Na drugim końcu umieszczono otwór o średnicy 11,3 mm, który służy jako okienko do odsłonięcia dokładnie 1 m2 powierzchni próbki. W celu zabezpieczenia przed korozją, próbka wewnątrz uchwytu została zaopatrzona w teflonową nakrętkę blokującą i odpowiedni gwint. W pobliżu okna wywiercono otwór o średnicy 6 mm, w którym umieszczono rurę szklaną hallow o średnicy 6 mm i zabezpieczono ją w odpowiedniej pozycji. Przy pomocy aralditu, przez szklaną rurę hallowową wprowadzono drut aluminiowy, który służy jako środek przewodzący prąd w elektrodzie roboczej, tj. (próbka korozji).

Obwód elektryczny używany do badań polaryzacji galwanostatycznej/potencjostatycznej pokazano na tabliczce 25.

Jako źródło zasilania prądem stałym zastosowano regulowany zasilacz prądu stałego o potencjale wyjściowym 30 V i prądzie zmiennym (1 ma do SA). W trybie dzielnika potencjału zastosowano reostat w celu obniżenia potencjału wyjściowego ze źródła stałego do bardzo małej wartości, co było wymagane we wczesnych fazach polaryzacji. W celu zwiększenia rezystancji w obwodzie wtórnym (do 70k omów) podłączono dekadową skrzynkę rezystancyjną. Prąd płynący w ogniwie korozyjnym (pomiędzy elektrodą roboczą a przeciwbieżną) był kontrolowany poprzez zmianę tej rezystancji, dzięki czemu uzyskano bardzo wysoką rezystancję w stosunku do rezystancji elektrolitu w ogniwie korozyjnym.

Ułożenie to pozwoliło również na utrzymanie elektrycznej podwójnej warstwy w stanie nienaruszonym na metalowo-elektrolitowym interfejsie. W ten sposób został on wykonany, aby mieć duży efekt odporności na przepływ ładunku przez. Robocza elektroda była trzymana blisko i równolegle do przeciwległej elektrody, w celu uzyskania jak największego prądu z dominującego instrumentu. W ten sposób zaobserwowano spadek napięcia "IR". Gdzie 'I' to prąd w amperach, a 'R' to oporność w omach. W pobliżu końcówki kapilary elektrody odniesienia (standardowej elektrody kalomelowej) zmierzono potencjał elektrody roboczej (w stosunku do standardowej elektrody kalomelowej) za pomocą elektronicznego 3½-cyfrowego miliwoltomierza o wysokiej impedancji oraz prąd ogniwa na innym cyfrowym mikroamperomierzu. Ustawienie polaryzacji galwanostatycznej pozwoliło na osiągnięcie stanu ustalonego na około godzinę. Pomiary wykonywano po osiągnięciu stanu ustalonego (przez około pięć minut dla każdego kroku przyrostu przyłożonego prądu).

5.3.21 Badania

Ogniwo korozyjne zostało podłączone do obwodu, a elektrolit został delikatnie wymieszany przez mieszadło magnetyczne, cały układ został dopuszczony do osiągnięcia stabilnego stanu przez około 60 minut, tak aby można było zanotować resztę potencjału. Pod koniec tego okresu układ znajdował się w stanie równowagi i zanotowano potencjał pomiędzy elektrodą roboczą a przeciwną. Potencjał ten został określony jako potencjał obwodu otwartego.

Stan równowagi w ogniwie korozyjnym został nieznacznie ustalony; gdy   µa.

Eksperyment ten został więc przeprowadzony w celu określenia mechanizmu korozji galwanicznej Al MMCs w połączeniu ze wzmocnieniami kwarcowymi. Doświadczenia te przeprowadzono w odgazowanym roztworze NaCl w temperaturze laboratoryjnej. Środowiska te wybrano w celu określenia wpływu redukcji H2 i bierności aluminium na zachowanie Al MMCs w warunkach korozji galwanicznej.

Szybkość korozji galwanicznej została oszacowana na podstawie wykresów polaryzacji metodą styczną (185). Mikrostrukturę powierzchni zbadano techniką SEM.

Płytka 22: Próbki po teście Galvanostatu
5.4 Przeprowadzenie eksperymentu (Test Potencjostatyczny):

1. Podłączyć elektrodę roboczą i elektrodę odniesienia do potencjostatu.
2. Odczekaj 30 minut i zanotuj POTENTIAL REST, gdy jest stabilny, utrzymując wskaźnik potencjostatu w pozycji ustawionej.

3. Utrzymując wskaźnik potencjostatu w pozycji "SET", należy użyć pokrętła RP SUPPRESSOR KNOB i stłumić resztę potencjału do zera napięcia. Zawsze należy utrzymywać przełącznik polaryzacji tłumika RP w pozycji ujemnej przed stłumieniem pozostałego potencjału.

4. Podłączyć milimetr pomiędzy licznikiem a potencjostatem, aby zmierzyć odpowiedni prąd dla przyłożonego napięcia na elektrodzie roboczej.

5. Zmienić pozycję na "MIERZENIE" i zastosować 1 lub 2 miliwolty i zmierzyć odpowiedni prąd.

6. W przypadku polaryzacji anodowej należy utrzymywać przełącznik polaryzacji, poniżej REF VOLT KNOB w pozycji dodatniej.

7. Gdy prąd jest stabilny, zanotuj wartość prądu w stosunku do napięcia udarowego.

8. Zwiększać napięcie w krokach co 40, odczekać kilka minut, aż odczyt się ustabilizuje i zmierzyć odpowiedni prąd.

9. Wykreślić wykres VOLTAGE (E-Ecorr) Vs LOG i./log gęstości prądu.

10. Powtórzyć to samo dla polaryzacji katodowej, utrzymując przełącznik polaryzacji poniżej REF VOLT KNOB w pozycji ujemnej.

Doświadczenie przeprowadzono w 3,5%, 0,35% i 0,035% roztworach chlorku sodu oraz 0,1N, 0,05N, 0,025N kwaśnych roztworach chlorku podobnie jak kwas solny.

5.5 Test na korozję naprężeniową

Płytka 23: Próbka użyta do badania korozji naprężeniowej

Płytka 12 przedstawia trzy próbki poddane obciążeniu punktowemu, używane do badania korozji naprężeniowej. Są to zazwyczaj płaskie taśmy o wymiarach 8 mm x 40 mm x 150 mm wykonane z kompozytu i stopu osnowy. Przed poddaniem próbek do badań odporności na korozję naprężeniową, powierzchnie próbek były szlifowane papierem z węglika krzemu o siatce 1000, a następnie polerowane w celu uzyskania lustrzanego wykończenia powierzchni próbki. Próbki przed poddaniem ich badaniu na korozję naprężeniową płukano wodą i acetonem, a następnie ważono je z dokładnością do czterech miejsc po przecinku za pomocą wagi elektronicznej.

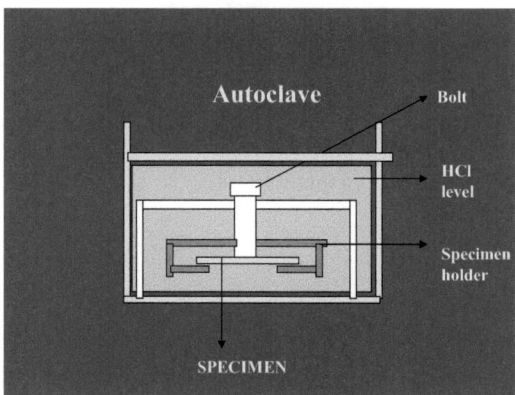

Płytka 24: Nakładanie naprężeń na próbkę

Autoklawy są często używane do zastosowań w wysokich temperaturach i ciśnieniach. Powłoki teflonowe chronią autoklaw przed silnymi agresywnymi środowiskami. Płyta 13 przedstawia wspornik, który został użyty do obciążenia próbki w autoklawie. Próbki były podparte na obu końcach i zastosowano naprężenie zginające za pomocą śruby wyposażonej w kulkę dociskającą próbkę w punkcie znajdującym się w połowie odległości między podporami końcowymi.

Do kalibracji wykorzystano próbkę prototypową wyposażoną w tensometr. Prototyp ma takie same wymiary jak badana próbka i został poddany takim samym obciążeniom. Na próbce obciążonej trzema punktami maksymalne naprężenie występuje w połowie długości próbki i zmniejsza się liniowo do zera na jej końcach. Wszystkie próbki poddano naprężeniu o wartości równej jednej trzeciej wartości wytrzymałości na rozciąganie stopu osnowy. Do każdej próby użyto 2 litry roztworów HCl o różnej molarności jako medium korozyjne.

Tabliczka 25: Stal nierdzewna Autoklaw do testu odporności na korozję naprężeniową

Test w autoklawie rozpoczyna się po wprowadzeniu badanych próbek do naczynia, które zostało obciążone HCl o różnym stężeniu. Zbiornik zamknięto pokrywą i ogrzano do temperatury testowej oraz zwiększono ciśnienie wewnątrz autoklawu. Próby przeprowadzono na próbkach stopu Al6061 oraz na próbkach kompozytowych wzmacnianych osnową o różnym stopniu wzmocnienia. Szybkość korozyjności mierzono w różnych temperaturach, dla różnych normalności kwaśnych mediów oraz w różnych przedziałach czasu ekspozycji - 10, 20, 30, 40, 50 i 60 minut.

Po przeprowadzeniu próby korozyjnej każda próbka była zanurzana w roztworze Clarka na 10 minut i delikatnie czyszczona miękką szczotką w celu usunięcia przylegających łusek. Po dokładnym wysuszeniu próbki ponownie zważono. Strata masy została obliczona i przeliczona na szybkość korozji i wyrażona w mpy. (Buarzaiga.M.M. *et al*).

5.6 Próba w oprysku solą

Jest on często używany do oceny względnej odporności na korozję materiałów powlekanych i niepowlekanych, narażonych na działanie mgły solnej lub mgły w podwyższonej temperaturze. Badane próbki umieszcza się w zamkniętej komorze lub komorze solankowej i poddaje ciągłemu pośredniemu rozpylaniu neutralnego (5%) roztworu wody słonej. Klimat ten jest utrzymywany przez cały czas trwania badania. Testy zostały przeprowadzone do 40 godzin. Zdjęcie komory solankowej jest podane poniżej.

Płyta 26: Komora solankowa

Ten sam typ próbek, które zostały wyprodukowane do badania korozji statycznej lub utraty wagi, został użyty do badania testu solankowego.

5.7 Właściwości mechaniczne

Próbki do badań właściwości mechanicznych przygotowano z D T D test bar casting (Departament Handlu i Przemysłu, Wielka Brytania). Wybrano do tego celu tylko te odlewy prętów badawczych, które nie posiadają zauważalnych pustek lub wad. Próby rozciągania prowadzono w temperaturze pokojowej na uniwersalnej maszynie wytrzymałościowej firmy Instron model 1175 przy obciążeniu poprzecznym z prędkością 0,5 mm na minutę.

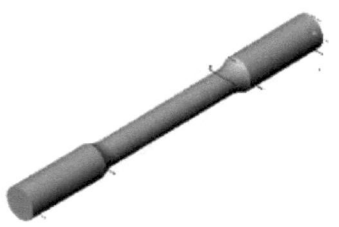

Płyta 27: Próbka do próby rozciągania

Próbki okrągłe do rozciągania przygotowano poprzez obróbkę mechaniczną z odlewów z prętów cylindrycznych. Z odlewanych kompozytów wykonano próbki rozciągania o wymiarach: długość pręta 20cm, średnica na końcach 20mm, średnica pręta 10mm. Wartości UTS rejestrowano automatycznie.[1] Wykonano to dla osnowy oraz 2,4 i 6% frakcji wagowej czerwonych cząstek szlamu zaimpregnowanych aluminium6061. Dla każdego kompozytu pobrano sześć próbek do rozciągania oraz średnią wartość UTS. Wyniki były mało rozproszone i każda z nich nie odbiegała więcej niż 2,5% od wartości średniej. Próby twardości przeprowadzono zgodnie z normą ASTM E-10 przy użyciu twardościomierza Brinella z wgłębnikiem kulistym o średnicy 5 mm i obciążeniu 500 kg. Wymiary badanych próbek wynosiły 20 mm średnicy i 20 mm wysokości. Obciążenie przyłożono na 30 sekund. Metodę badawczą wybrano w celu uzyskania wgłębienia, które będzie reprezentatywne dla makrostruktury materiału. Do badań twardości użyto sześciu próbek każdego kompozytu oraz matrycy. Wartości te nie odbiegały od wartości średniej o więcej niż 2%. Właściwości ściskające zmierzono przy użyciu modelu 1175v urządzenia Instron UTM przy prędkości kruszenia 0.2 mm/minutę. Wymiary próbek wynosiły 20 mm średnicy i 20 mm wysokości.

ROZDZIAŁ 6

WYNIKI I DYSKUSJE

6.1 Korozja statyczna lub utrata masy Korozja spadkowa

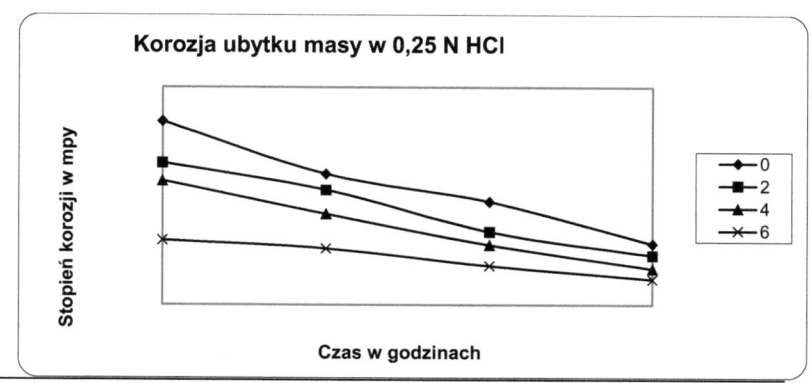

Rys. 1: Strata masy Korozja w 0,25 M Kwas solny

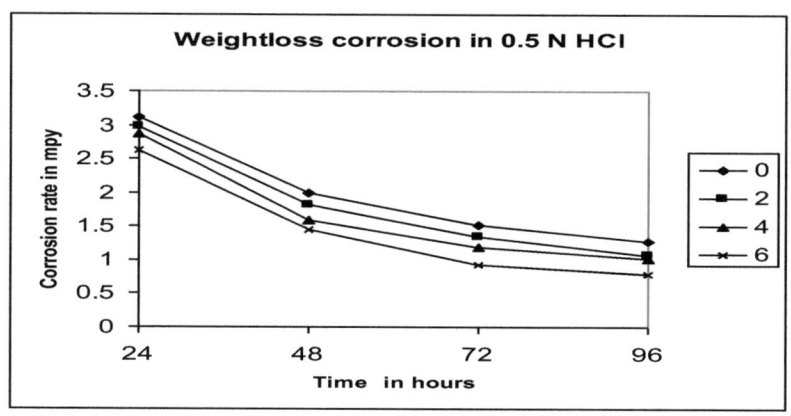

Rysunek 2: Strata masy Korozja w 0,5 M Kwas solny

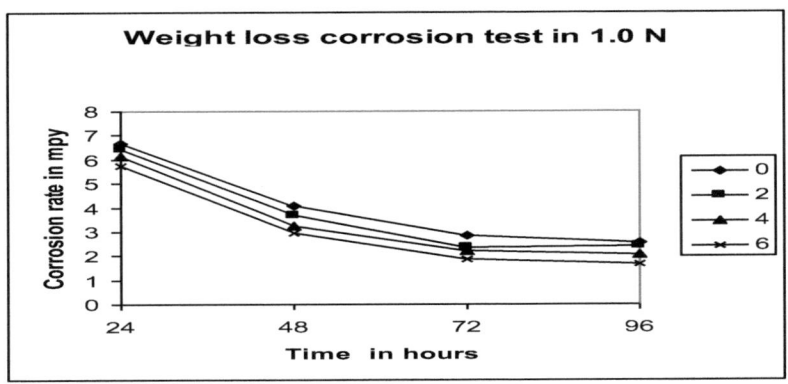

Rys. 3: Strata masy Korozja w 1,0N Kwas solny

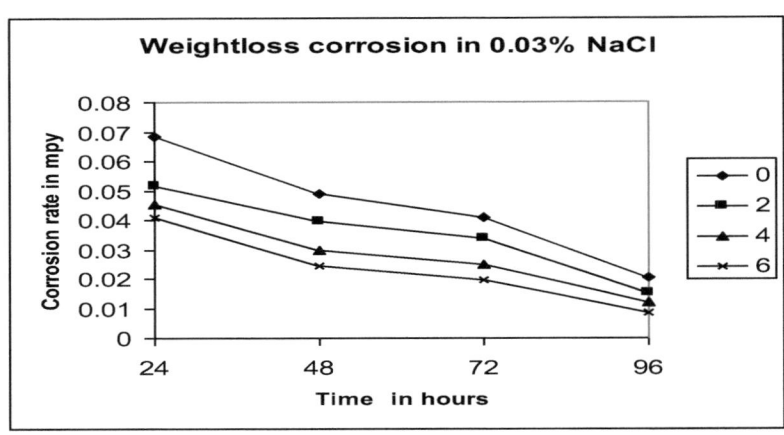

Rysunek 4: Strata masy Korozja w 0,03% NaCl

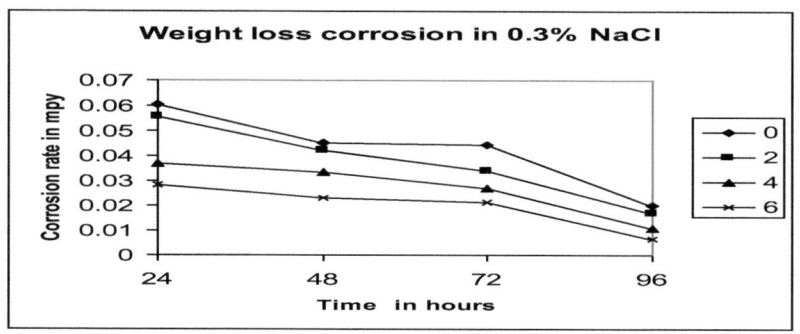

Rysunek 5: Strata masy Korozja w 0,3% NaCl

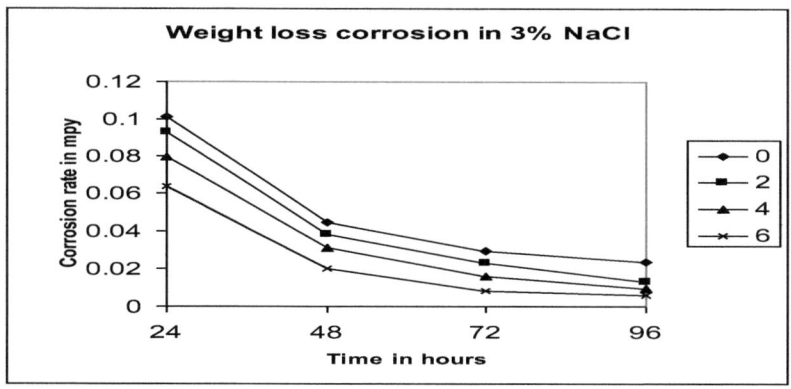

Rysunek 6: Strata masy Korozja w 3% NaCl

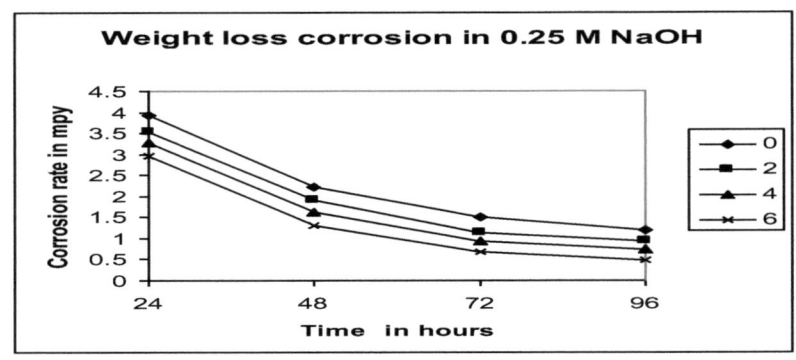

Rys. 7: Strata masy Korozja w 0,25M NaOH

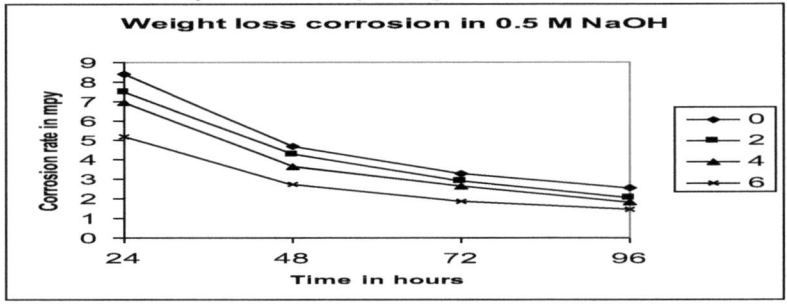

Rysunek 8: Strata masy Korozja w 0. 5M NaOH

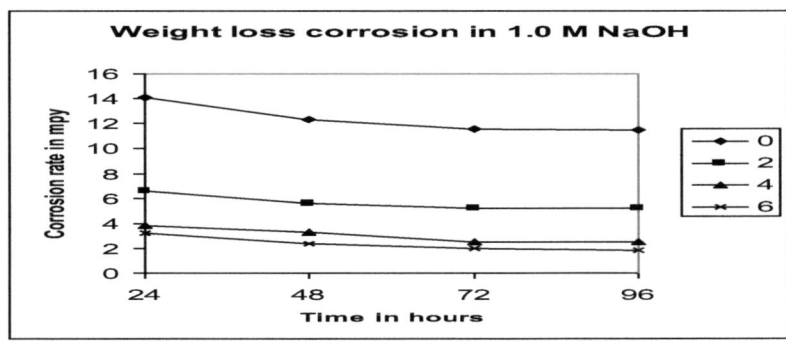

Rys. 9: Strata masy Korozja w 1M NaOH

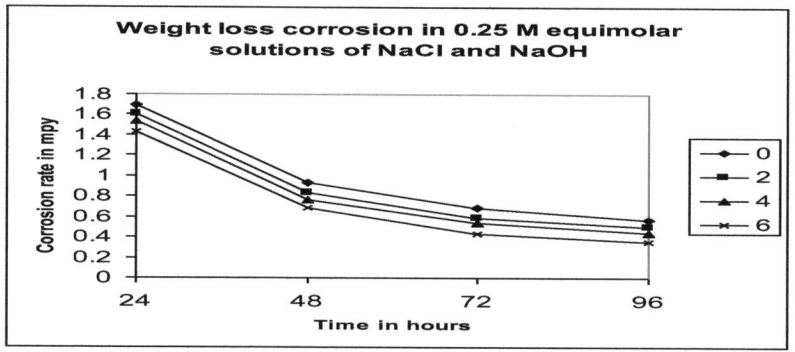

Rys. 10: Strata masy Korozja w 0,25 M roztworze równoważnikowym NaCl i NaOH

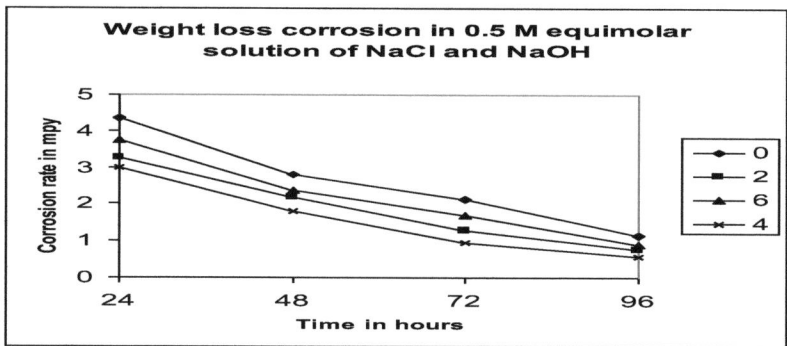

Rysunek 11: Korozja ubytków masy w 0,5M roztworach równoważnych NaCl i NaOH

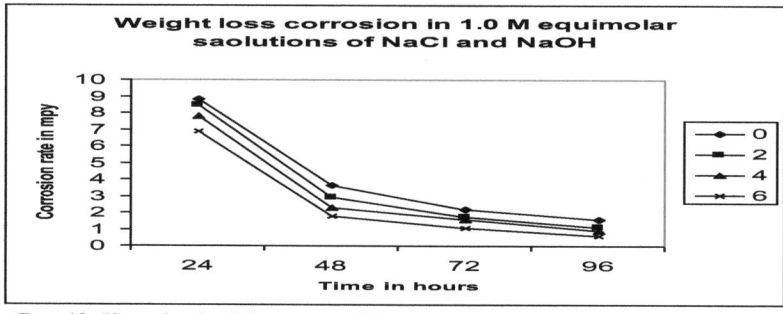

Rys. 12: Korozja ubytków masy w 1M roztworach równoważnikowych NaCl i NaOH

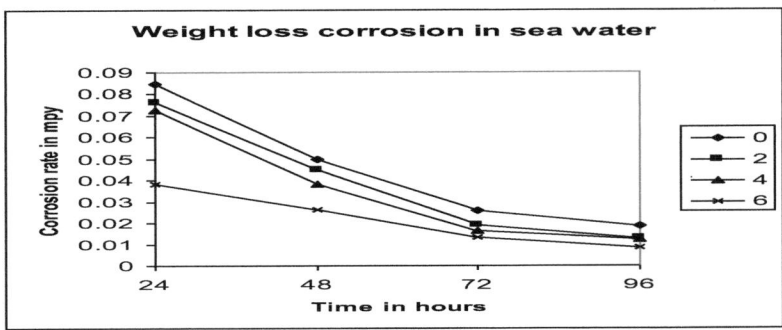

Rys. 13: Strata masy Korozja w wodzie morskiej

6.1.1 Wpływ czasu trwania badania na stopień korozji

Wykresy przedstawione na rysunkach od 1 do 13 pokazują, że dla każdego kompozytu, jak również dla niewzmocnionego aluminium 6061 stwierdza się spadek szybkości korozji podczas badań korozyjnych. Spadek szybkości korozji jest spowodowany pasywnością stopu osnowy. Kontrola wzrokowa próbek po badaniach korozyjnych wykazała obecność czarnej warstwy, której skład to $Al(OH)_3$, pokrywającej powierzchnię. W ten sposób $Al(OH)_3$ działa jak pasywna warstwa. Ponieważ warstwa pasywna działa jak bariera pomiędzy świeżą powierzchnią metalu a czynnikami korozyjnymi, unika bezpośredniego kontaktu pomiędzy próbką a czynnikami korozyjnymi, dlatego dalsze rozpuszczanie się stopu metalu nie miałoby miejsca.

Szybkość korozji zależy od stabilności, charakteru i grubości warstwy pasywnej. Po określonym czasie trwania, folia może być stabilna, ale zawiera porowatości i mikropęknięcia, przez które roztwór może wejść w kontakt z powierzchnią próbki i w związku z tym może nastąpić dryfowanie tlenu przez te defekty w warstwie pasywnej. Taka pasywna warstwa zmniejsza kontakt pomiędzy powierzchnią próbki a mediami korozyjnymi, co prowadzi do drastycznego zmniejszenia szybkości korozji.

Podczas testu korozyjnego na ubytek masy, spadek szybkości korozji z czasem jest spowodowany wzrostem ilości rozpuszczonych jonów Al3+, co prowadzi do wzrostu uwalniania H2(g). W związku z tym zwiększa się pH roztworu. Ewolucja H2(g) pozostaje również uwięziona w szczelinach lub zagłębieniach, dzięki czemu chroni te obszary przed dalszą korozją. Ze względu na nasycenie roztworu jonami anodowymi, reakcja anodowa jest spowolniona.

Według Trzaskoma *i wsp.*, jeśli próbka będzie wystawiona na działanie nasyconych mediów w bardzo wysokiej temperaturze i przez długi czas, korozyjna reakcja chemiczna zatrzymałaby się z powodu wyczerpania mediów przewodzących (357).

6.1.2. 6.1.2. Wpływ wzmocnienia na szybkość korozji

Z rysunków od 1 do 13 wynika, że dla wszystkich badanych próbek obserwuje się spadek szybkości korozji wraz ze wzrostem zawartości zbrojenia. Szybkość korozji w stopie osnowy niewzmocnionej jest większa niż w kompozytach wzmacnianych ceramicznie, ponieważ w stopach występuje bezpośredni kontakt powierzchni stopu z mediami korozyjnymi, co powoduje wzrost rozpuszczalności stopu, ponieważ stop nie wykazuje dużej odporności na działanie ośrodka kwaśnego.

Wzmocnienia takie jak czerwony szlam, po dodaniu do osnowy stopowej, wiążą powierzchnię osnowy, dzięki czemu unika się bezpośredniego kontaktu powierzchni osnowy stopowej z kwaśnym podłożem, a czerwony szlam jest ceramiczny, pozostaje obojętny i nienaruszony podczas badań. W ten sposób wzmocnienie pomaga chronić metal przed korozją.

Wyniki pokazują również, że poprawia się odporność na korozję, ponieważ zwiększa się zawartość zbrojenia w kompozycie, co wskazuje, że stężenie cząstek zbrojenia ma wpływ na szybkość korozji w kompozytach.

Jednakże, w statycznej próbie korozyjnej, narażenie MMC na agresywne środowisko Cl- doprowadziło do powstania wżerów na złączu matryca-zbrojenie. Obszar międzyfazowy charakteryzował się wysoką gęstością dyslokacji, co wynikało z różnicowego niedopasowania termicznego, a koncentracja naprężeń wokół cząsteczek powodowała transformację alotropową. Energia odkształcenia i transformacja alotropowa związana ze zwichnięciami mogła wzmocnić proces inicjowania wykopu. Niektóre czerwone cząstki błota wypadły z matrycy z powodu dużego powiększenia wału, przez co zwiększyło się tempo korozji na styku matryca-zbrojenie.

Z rysunków 1-13 można wyraźnie stwierdzić, że zarówno w przypadku odlewu, jak i kompozytu, szybkość korozji spada monotonicznie wraz ze wzrostem zawartości czerwonego błota. W omawianym przypadku korozja kompozytów, jak również stopu osnowy, wynika głównie z powstawania wżerów i pęknięć na powierzchni. W przypadku stopu zasadowego, wytrzymałość użytego kwasu powoduje powstawanie pęknięć na powierzchni, co ostatecznie prowadzi do powstawania wżerów, powodując tym samym utratę materiału. Obecność pęknięć i wżerów na powierzchni stopu bazowego została wyraźnie zaobserwowana. Ponieważ nie ma wzmocnienia w żadnej formie, stop bazowy nie zapewnia żadnego rodzaju odporności na kwaśne środowisko. Dlatego też ubytek masy w przypadku stopu niezbrojonego jest większy niż w przypadku kompozytów. Czerwony szlam, będący płynem ceramicznym, pozostaje obojętny i nie ulega wpływowi środowiska kwaśnego w czasie próby i nie oczekuje się, aby uległ wpływowi w czasie próby korozyjnej kompozytu. W związku z tym wyniki wskazują na poprawę odporności na korozję w miarę wzrostu procentowego udziału cząstek czerwonego szlamu zarówno w osnowie jak i kompozycie.

S.Ohsaki *et. al.* uzyskali podobne wyniki w kompozytach ZA-27 wzmacnianych włóknem szklanym, a także stwierdzili, że odporność na korozję wzrasta wraz ze wzrostem wzmocnienia (358).

Wu.Jianxin *et al* w swoich pracach nad właściwościami korozyjnymi MMC wzmacnianych cząstkami aluminium stwierdzają, że na szybkość korozji w znacznym stopniu wpływa obecność cząstek SiC w aluminium, dlatego też cząstki te odgrywają zdecydowanie drugorzędną rolę, działając jako bariera fizyczna (359).

Jeśli chodzi o właściwości korozyjne MMC, cząstki stałe działają jako fizyczna bariera dla zainicjowania i rozwoju wżerów korozyjnych, a także modyfikują mikrostrukturę materiału matrycy i dlatego cząstki stałe zmniejszają szybkość korozji. Kolejną przyczyną zmniejszenia szybkości korozji jest obszar międzymetaliczny, który jest miejscem powstawania szczelin korozyjnych wokół każdej cząstki. Może to być spowodowane powstawaniem magnezowej warstwy międzymetalicznej przylegającej do cząstek stałych podczas produkcji, o czym mówił Trzaskoma(357).

McIntyre. *et.al.* wykazali ponadto, że związki międzymetaliczne magnezu są bardziej aktywne niż matryca stopu. Wżery w kompozytach są związane z interfejsem osnowy cząstek stałych, ze względu na wyższe stężenie magnezu w tym regionie. Wraz ze wzrostem czasu, wżery nadal będą występować w przypadkowych miejscach, które są obecne na styku osnowy cząstek stałych. Aktywny charakter szczelin chroniłby katodowo przypomnienie o macierzy i ograniczałby powstawanie i rozprzestrzenianie się wżerów (360).

Różni badacze stwierdzili, że MMC wykazują zmniejszoną podatność na atak wżerów w porównaniu do stopów niewzmocnionych, ze względu na zmniejszenie pustek na złączu matryca/zbrojenie. W przypadku kompozytów wzmacnianych cząstkami stałymi, zwiększenie objętości zbrojenia może skutkować zmniejszeniem porowatości. W związku z tym, ze względu na zwiększenie odstępu między cząstkami, zmniejszyła się szybkość korozji.

W omawianym przypadku wzrost ubytku masy i szybkości korozji w kompozytach, a także w stopie osnowy jest głównie spowodowany powstawaniem wżerów na powierzchni. W matrycy ciężkość użytego kwasu powoduje powstawanie wżerów na powierzchni, co ostatecznie prowadzi do dalszej korozji, a tym samym do poważnych strat materiału. Obecność wżerów na powierzchni kompozytu i stopu bazowego była wyraźnie widoczna. Jednak powstawanie wżerów jest mniejsze na powierzchni kompozytu niż na powierzchni stopu osnowy. Uszkodzenia powierzchniowe wytworzone w kompozycie były mniejsze i nie ma uszkodzeń powierzchniowych, ponieważ zwiększył się procentowy udział masy czerwonego błota.

Sharma *et al* uzyskała podobne wyniki w krótkich kompozytach ze stopu aluminium 6061 wzmocnionego włóknem szklanym i zaobserwowała, że odporność na korozję wzrasta wraz ze wzrostem zawartości wzmocnienia (361).

Lepsza odporność na korozję MMC jest prawdopodobnie spowodowana siecią wzmacniającą zakłócającą reakcję między kwasem a metaliczną matrycą. Ponadto, elektrochemicznie obojętne cząstki zbrojenia, które są obecne na odsłoniętych powierzchniach tych MMC, zmniejszają elektrochemicznie aktywną powierzchnię stopu matrycy narażoną na korozję, zmniejszając tym samym szybkość korozji.

6.1.3. 6.1.3. Morfologia korozji

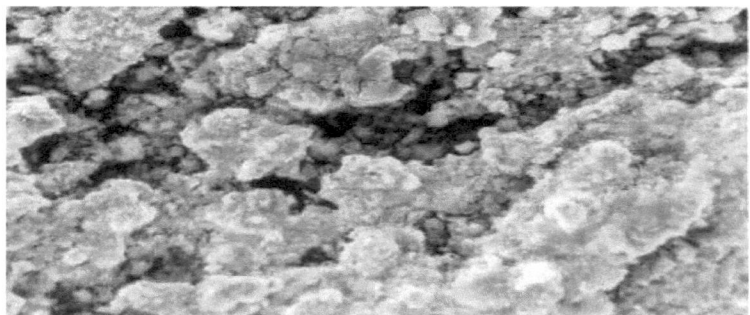

Płytka 28: Skorodowana powierzchnia matrycy Al6061

Płyta 21 wykazuje obecność pęknięć i wgłębień na stopie bazowym i została wyraźnie zaobserwowana. Ponieważ nie ma żadnego wzmocnienia w jakiejkolwiek formie, stop bazowy nie zapewnia żadnej odporności na działanie czynnika powodującego korozję. W związku z tym utrata masy osnowy jest większa.

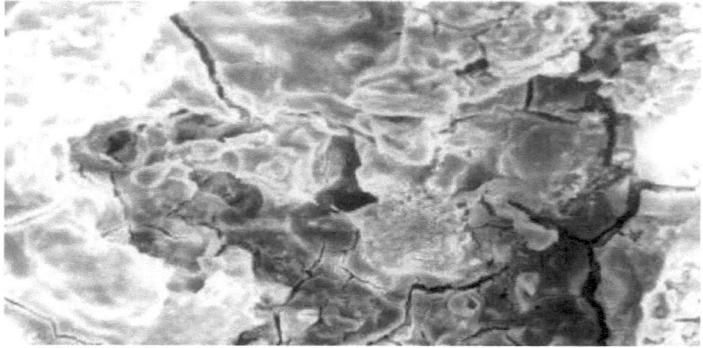

Płytka 29: Powierzchnia skorodowana Al6061-2 % czerwonego błota MMC (100μm)

Płyta 22 pokazuje skorodowaną powierzchnię 2% czerwonego kompozytu zbrojonego błotem. Widać na niej zarówno pęknięcia, jak i wgłębienia powstałe na powierzchni. Wynika to z niższej zawartości czerwonego szlamu o ok. 2%, który z trudem opiera się nasileniu ataku kwasu. Jego zachowanie jest prawie takie samo jak w przypadku stopu bazowego, z nieznaczną poprawą odporności na korozję.

Płytka 30: Powierzchnia skorodowana Al6061-4%

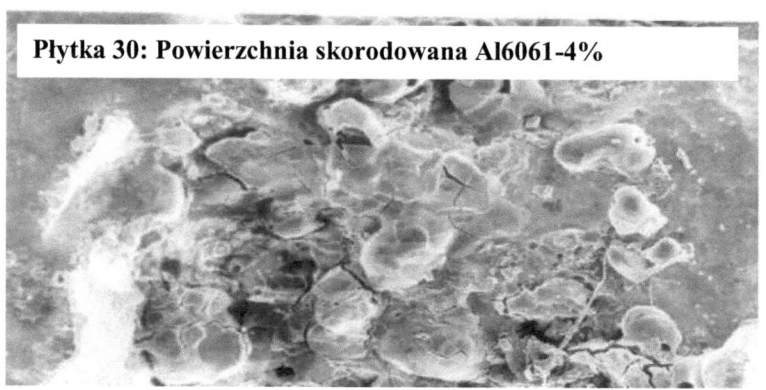

Płytka23 pokazuje, że na 6% powierzchni kompozytu wzmocnionego czerwonym błotem występują tylko wgłębienia. Wynika to z interfejsu matryca-zbrojenie. Świadczy to wyraźnie o wpływie zbrojenia na odporność kompozytów na korozję.

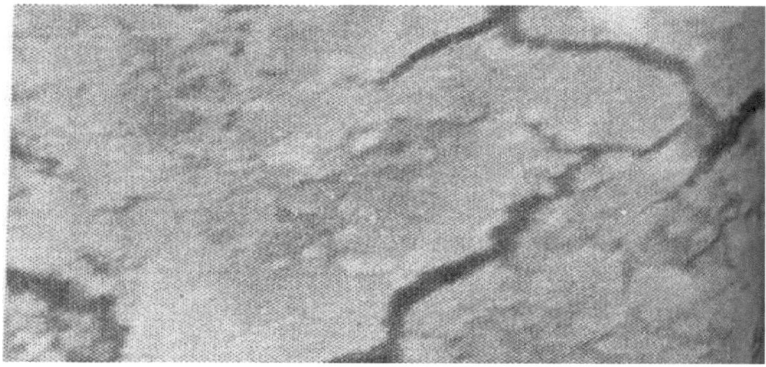

Płytka31: Skorodowana powierzchnia Al6061-6% czerwonego błota MMC (100µm)

Płyta 24 pokazuje, że odporność na korozję zapewniana przez 4% kompozytu zbrojonego czerwonym błotem zawiera się w przedziale od 2% do 6% kompozytów zbrojonych. Ponieważ zaobserwowano tylko kilka pęknięć na powierzchni kompozytu wzmocnionego 4%. Mikrostruktura tych kompozytów wykazała wżery powstałe na powierzchni kompozytu po wystawieniu na działanie 1M HCl, a tym samym wżery obecne na styku osnowa-zbrojenie działa jak preferowane miejsca ataku korozyjnego.

Płyta 11 w rozdziale 4 przedstawia mikrostrukturę stopu Al6061. Analiza porównawcza przeprowadzona w podobnych warunkach wykazała, że wzrost liczby dołów prowadzi do powstawania pęknięć. Rozprzestrzenianie się pęknięć kończy się unoszeniem i łuszczeniem się powierzchni. W ten sposób zwiększa się szybkość korozji, ponieważ płatki te miały przypadkowy rozmiar i kształt, jak pokazano na płytce 25.

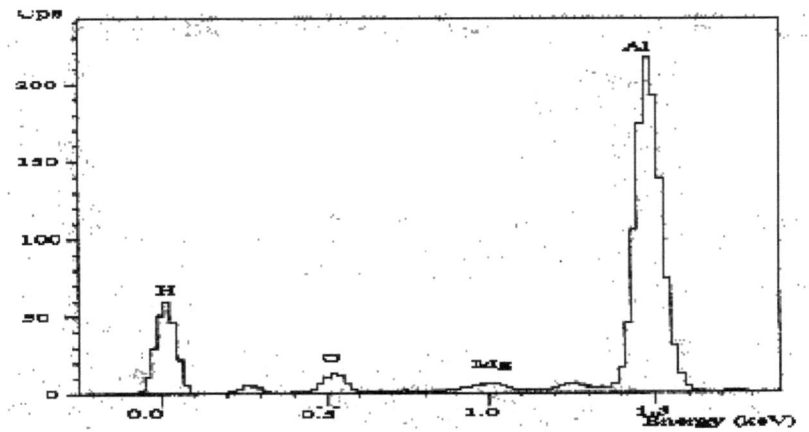

Płytka32: Analiza EDAX skorodowanej powierzchni matrycy

Mikrostruktura skorodowanej powierzchni została zbadana przez SEM, EDS i XRD w celu ustalenia składu chemicznego i istotnych cech mikrostruktury.

6.2 Test potencjału obwodu otwartego (Open Circuit Potential Test)

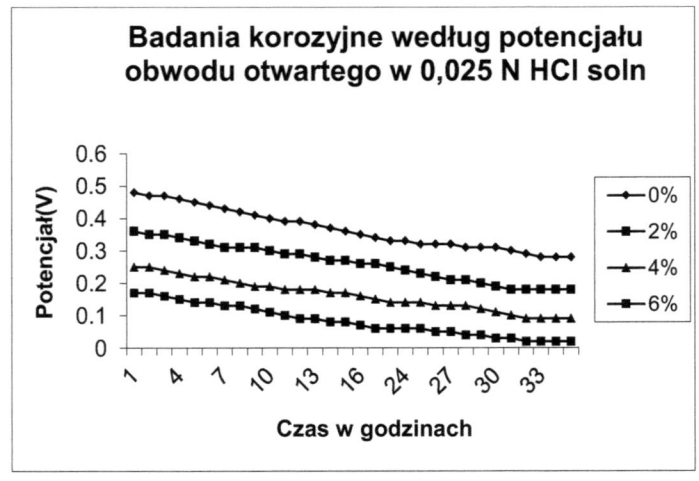

Rysunek 14: Badanie potencjału w układzie otwartym w roztworze 0,025N HCl

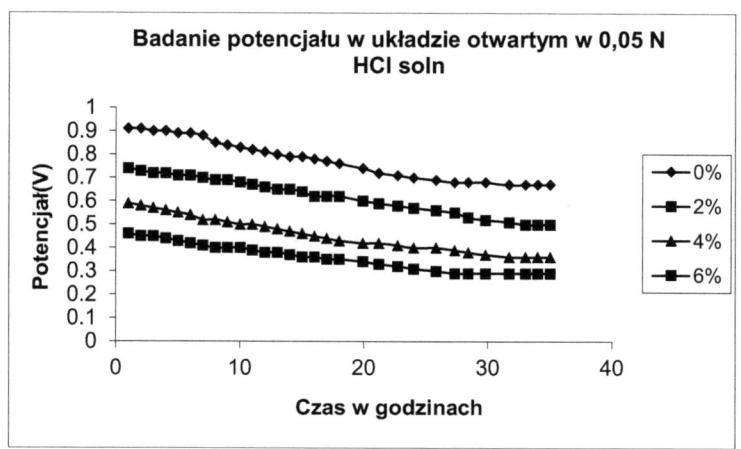

Rys. 15: Test potencjału w układzie otwartym w roztworze 0,05M HCl

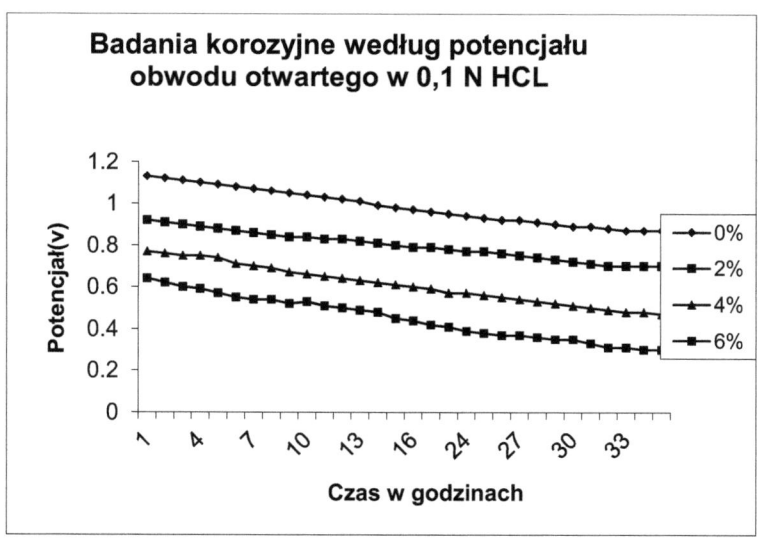

Rys. 16: Badanie potencjału w układzie otwartym w roztworze 0,1M HCl

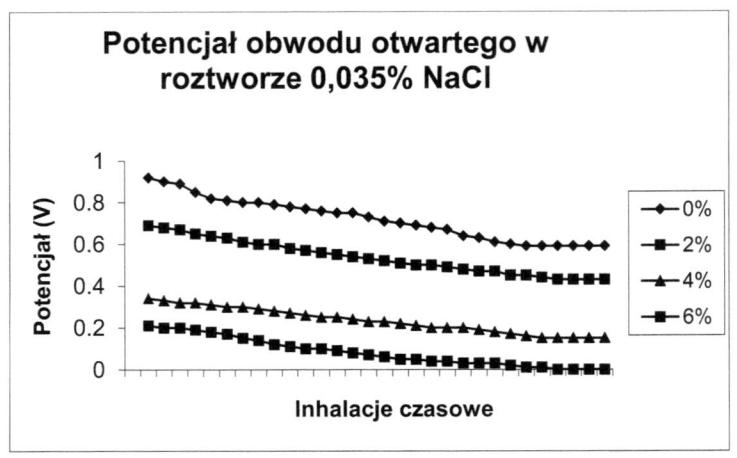

Rysunek 17: Test potencjału w układzie otwartym w 0,035% roztworze NaCl

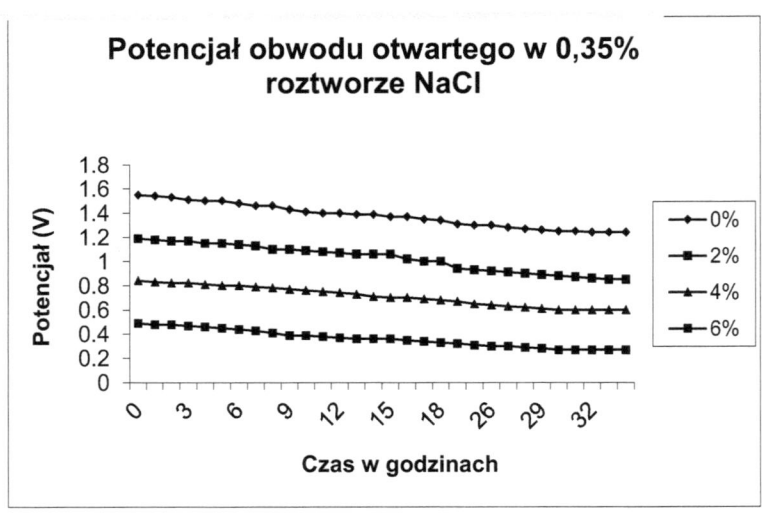

Rysunek 18: Test potencjału w układzie otwartym w 0,35% NaCl

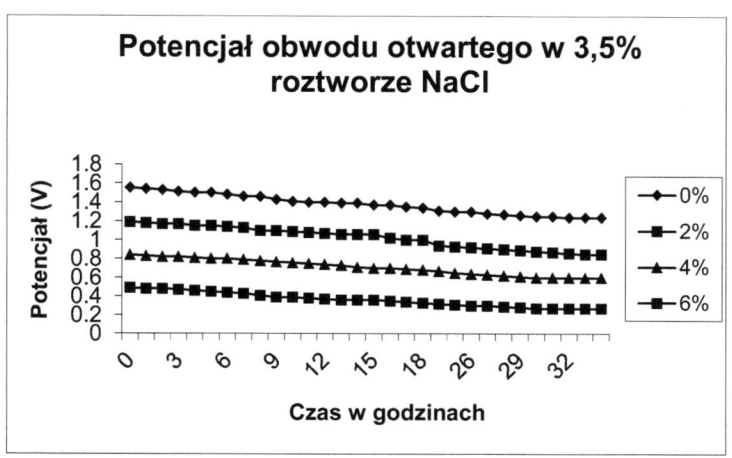

Rys. 19: Test potencjału w układzie otwartym w 3,5% roztworze NaCl

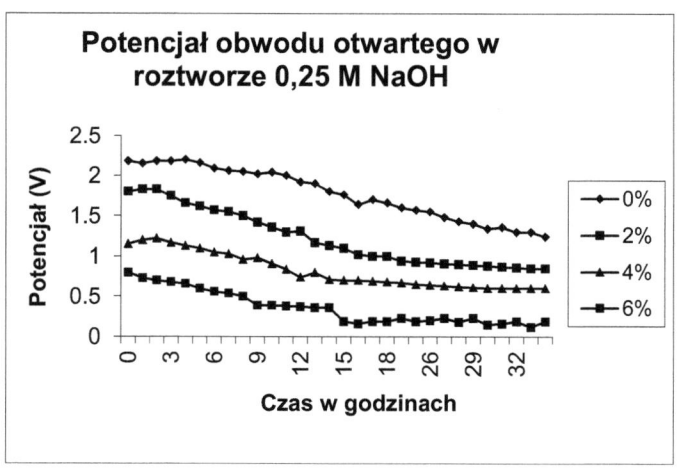

Rys. 20: Test potencjału w układzie otwartym w roztworze 0,25M NaOH

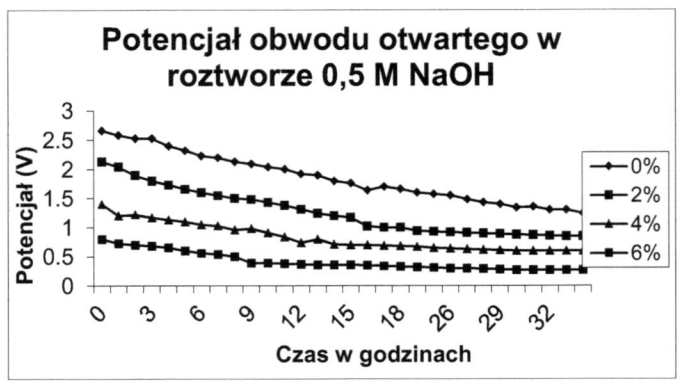

Rysunek 21: Test potencjału w układzie otwartym w roztworze 0,5M NaOH

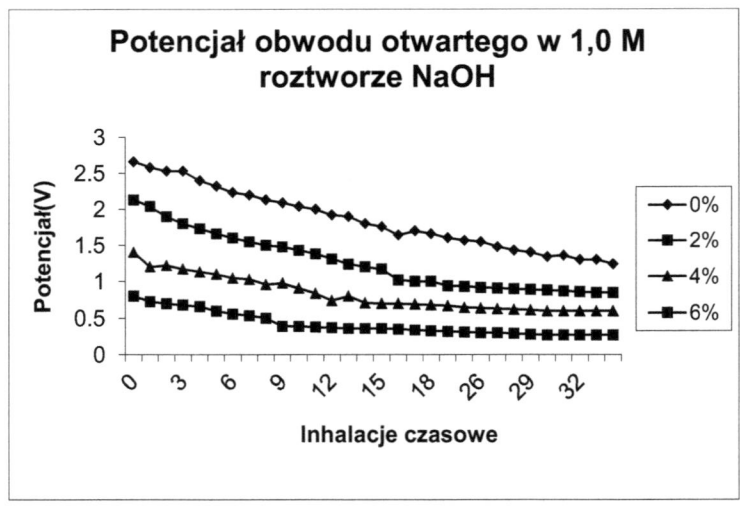

Rys. 22: Test potencjału w układzie otwartym w roztworze 1M NaOH

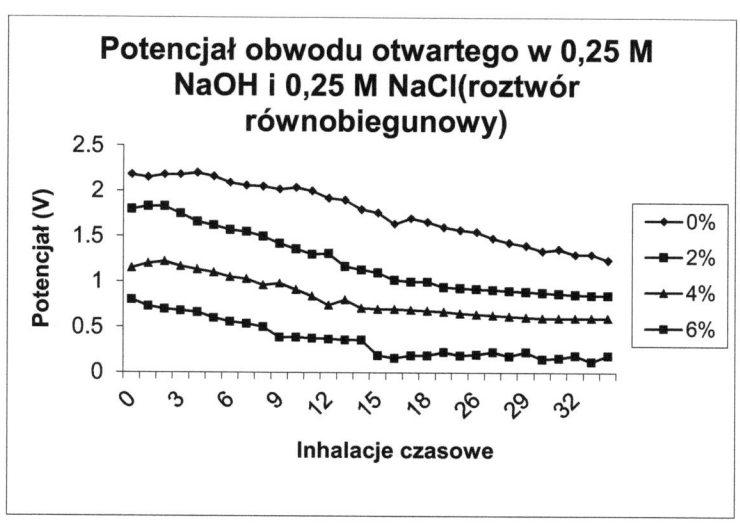

Rys. 23: Test potencjału w układzie otwartym w roztworach 0,25M NaOH i 0,25M NaCl

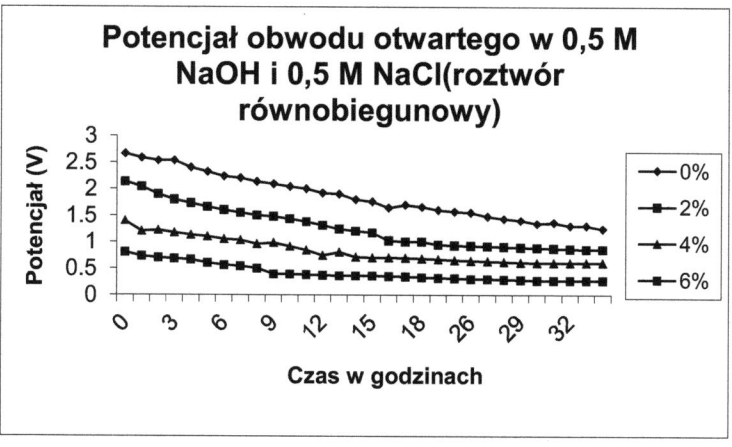

Rysunek 24: Test potencjału w układzie otwartym w roztworze 0,5M NaOH i 0,5M NaCl

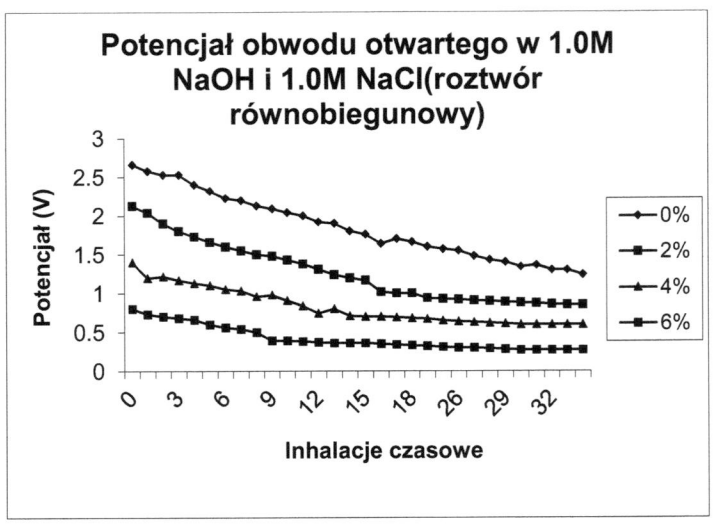

Rysunek 25: Test potencjału w układzie otwartym w 1M NaOH i 1M NaCl

~~Rozwiazanie~~

6.2.1 Zachowanie korozyjne w różnych stężeniach

Gryzonie

Rysunek 18-29 przedstawia krzywe symulacyjne dla Al6061/Red mud MMCs, które są typowe zarówno dla kompozytów jak i stopów osnowy w różnych stężeniach kwasu solnego, chlorku sodu, wodorotlenku sodu i równobiegunowych roztworów NaOH i NaCl. Abdul Jameel et.al również uzyskać ten sam rodzaj wyników, gdy stop Al6061 został wzmocniony cząstkami cyrkonu i stosowane medium korozyjne było zasadowe (357).

Na początku potencjał zmniejsza się do 32 godzin ekspozycji, następnie potencjał pozostaje stały z powodu bierności. Oznacza to, że istnieje możliwość powstania nieporowatej warstwy tlenku glinu, która może zapobiec korozji Al6061/Red mud MMCs. Wzrost odsetka czerwonego szlamu w matrycy powoduje znaczny spadek potencjału rozwoju korozji, co wyraźnie wskazuje, że 6% wzmocniony kompozyt wykazuje zwiększoną odporność na korozję niż 4%,2% wzmocnionych kompozytów.

6.2.2 Efekt wzmocnienia

Z wynikowych wykresów testu potencjału w układzie otwartym wynika, że ceramiczna cząstka wzmacniająca działa jak izolator i podczas testu pozostaje obojętna w środowisku kwaśnym. W związku z tym potencjał zmniejsza się wraz ze wzrostem zawartości czerwonego szlamu w MMC, ponieważ powierzchnia narażona na działanie stopu zmniejsza się wraz ze wzrostem zawartości zbrojenia. Mniejsze narażenie obszaru MMC na agresywne środowisko kwaśne w badaniach korozyjnych doprowadziło do mniejszych wżerów i korozji niż w przypadku stopu osnowy.

6.3 Test Galwanostatu (Technika Polaryzacji Potencjalodynamicznej)

Zastosowany sprzęt to Potentiostat - Galvanostat (model CL95) w połączeniu z generatorem funkcji i ploterem graficznym. Urządzenia te są połączone z komputerem osobistym w celu symulacji uzyskanych wyników. Przyrząd zawiera również kolbę z trzema ustami, w której znajduje się elektroda platynowa, kalomelowa i robocza, tj. próbka połączona z uchwytem miedzianym i pokryta taśmą teflonową (157) z wyjątkiem części wystawionej na działanie roztworu elektrolitu. Jeden cm2 powierzchni próbki był wystawiony na działanie elektrolitu. Przed badaniem każda próbka była czyszczona w metanolu przez pięć minut i suszona na powietrzu.

6.3.1 Badania galwanostatyczne w roztworze NaCl

Badanie to przeprowadzono w celu określenia korozji galwanicznej i mechanizmu korozyjnego Al6061 w połączeniu z cząstkami błota czerwonego. Doświadczenia przeprowadzono w odgazowanych 3,5, 0,35 i 0,035 % mas. roztworach NaCl w temperaturze laboratoryjnej. W celu określenia wpływu redukcji H2 i pasywacji aluminium na zachowanie się korozji galwanicznej wybrano te środowiska. Szybkość korozji galwanicznej oszacowano na podstawie wykresów polaryzacyjnych metodą styczną. Mikrostrukturę powierzchni badano przed i po teście korozyjnym przy użyciu optycznej techniki SEM.

W płytach 27, 28, 29 i 30 przedstawiono mikrografy SEM typowych skorodowanych powierzchni próbek kompozytowych wzmocnionych czerwonym błotem w ilości 0%, 2%, 4% i 6%, które wyraźnie wykazały morfologię skorodowanej powierzchni badanych próbek. Zaobserwowano, że w kompozytach Al6061 wzmocnionych czerwonym szlamem wżery są zależne od rozmieszczenia szlamu czerwonego. Większy udział wagowy czerwonego szlamu może skutkować większymi szansami na rozerwanie błony oraz większą ilością miejsc do inicjowania wykopu.

Kompozyty wykazują tworzenie się wgłębień na powierzchniach, które zmniejszały się wraz ze wzrostem udziału procentowego czerwonych kompozytów błota. Mikrograf SEM stopu osnowy oraz 6% kompozytów wzmocnionych czerwonym szlamem (jak podano w tablicy 30) pokazuje również, że liczba wżerów powstałych na powierzchni tych MMC jest bardzo mniejsza w porównaniu z liczbą wżerów na stopie osnowy. Wynika to z interfejsu matryca/cząsteczka.

6.3.2 Zachowanie korozyjne w różnych, skoncentrowanych roztworach Corrodent

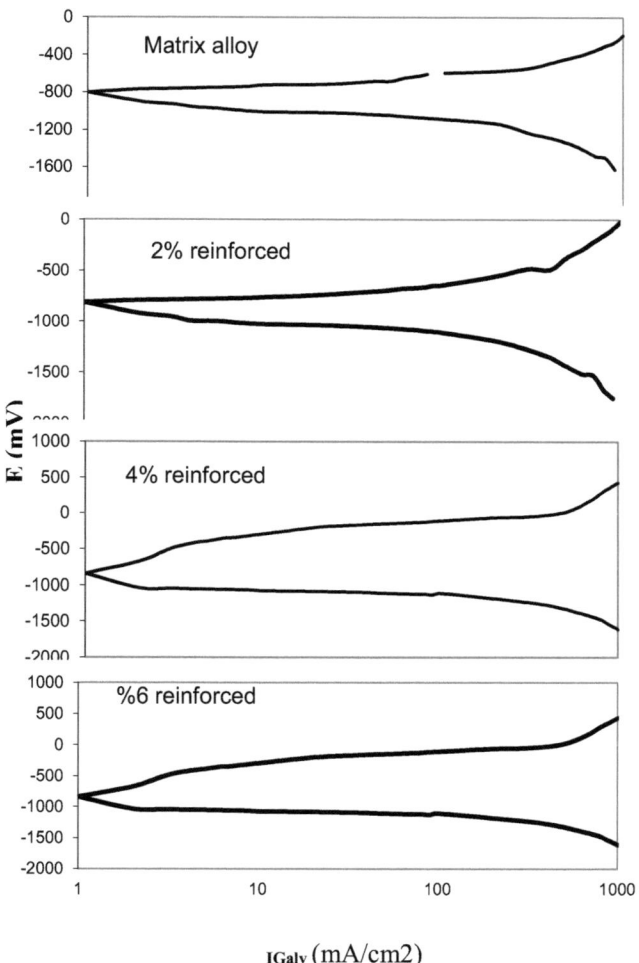

I_{Galv} (mA/cm2)

Rys. 26 : Schematy polaryzacji MMC wzmacnianych kwarcem poddanych działaniu odgazowanego roztworu 3,5% chlorku sodu przy szybkości skanowania 0,16 mVs-1.

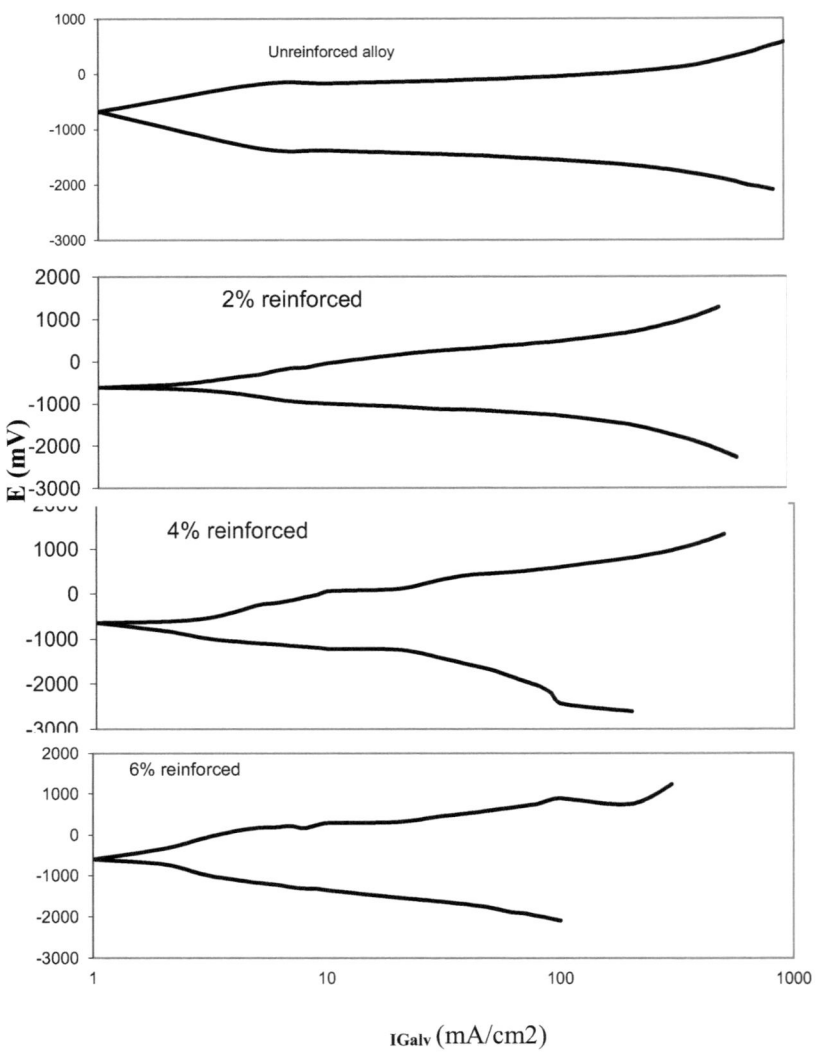

Rys. 27 : Schematy polaryzacji MMC wzmacnianych kwarcem poddanych
działaniu odgazowanego roztworu 0,35% chlorku sodu przy szybkości

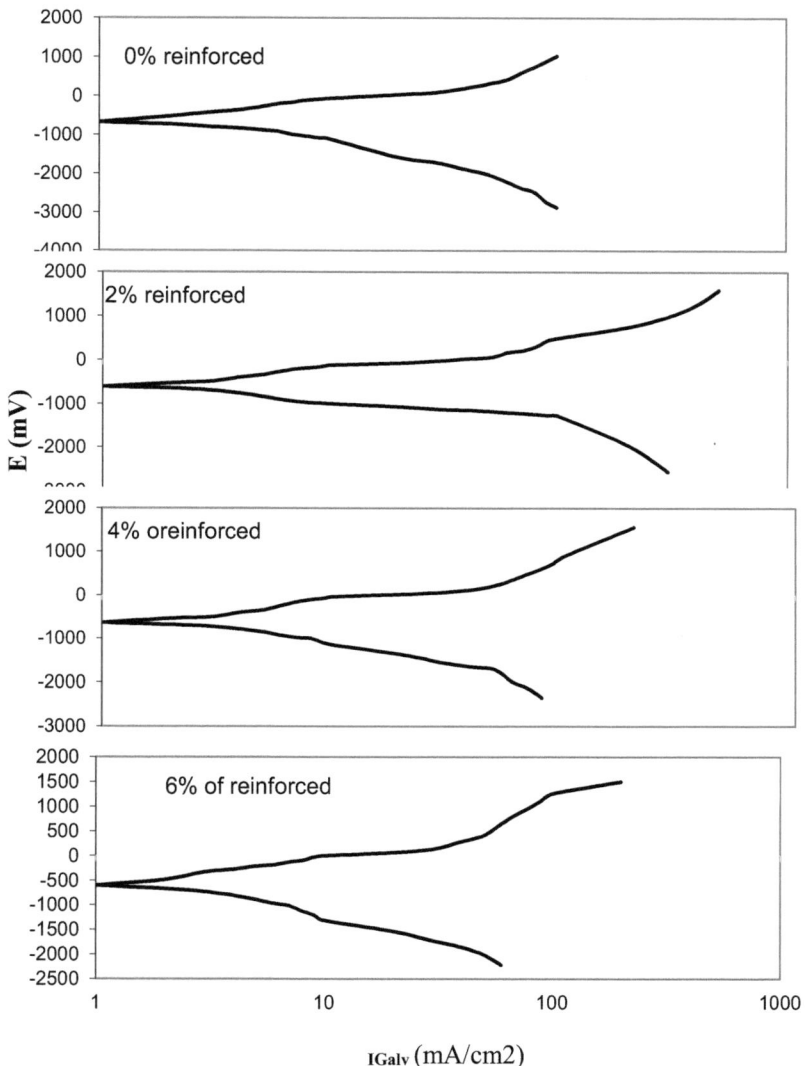

Rys. 28 : Schematy polaryzacji MMC wzmocnionych kwarcem poddanych działaniu odgazowanego roztworu 0,035% chlorku sodu przy szybkości

Na rysunkach 30-32 pokazano krzywe polaryzacji dla stopu osnowy podstawowej i MMCs błota Al/czerwonego, gdzie potencjał jest wykreślony pod wpływem prądu galwanicznego dla badań prowadzonych w roztworze NaCl o różnych stężeniach. Spadek stężenia roztworu NaCl powoduje wyraźny wzrost potencjału galwanicznego zarówno dla kompozytów, jak i dla stopu osnowy. Wskazuje to również na rozwój większej oporności elektrycznej pomiędzy środkami korozyjnymi a elektrodami. Dlatego odporność na korozję zwiększała się wraz ze wzrostem potencjału galwanicznego, co wskazuje, że szybkość korozji zmniejsza się wraz ze spadkiem stężenia mediów korozyjnych.

Rys. 30-32 to krzywe polaryzacji Tafel dla niezbrojonych i zbrojonych stopów aluminium. Krzywa katodowa i anodowa obu stopów i kompozytów jest podobna, ale krzywa katodowa kompozytów została nieznacznie przesunięta na zewnątrz, co przypisuje się zmniejszeniu reakcji chemicznej pomiędzy elektrodą a elektrolitem korozyjnym.

Punkt przecięcia krzywej katodowej z anodową daje gęstość prądu korozyjnego Icor. Szybkość korozji obliczono za pomocą wzoru przeliczeniowego (356)

Szybkość korozji w (mpy) $= CEwI_{cor/d}$

Gdzie C= stała przeliczeniowa (=1,287x105)

$_{Ew}$ = równoważna waga próbki (g);

d= gęstość próbki (g/cc)

I_{cor} = prąd korozyjny (mA/cm2)

6.3.3 Wpływ normalności rozwiązania na wskaźnik
Korozja

Stężenie miało wyraźny wpływ na szybkość korozji wszystkich próbek. Wraz ze wzrostem stężenia roztworu NaCl wzrosła również szybkość korozji, co pokazano na rys. 30, a także stwierdzono, że prąd korozyjny jest wprost proporcjonalny do szybkości wydzielania się gazu wodorowego. Wiadomo, że reakcja chemiczna zależy od stężenia roztworu, powierzchni powierzchni reakcji itp.

Tabela 2: Współczynnik korozji Al 6061 Stopów i kompozytów (Icor and Corrosion Rate)

      w Galvanostat Test

Normalność NaCl	Wt. % czerwonego błota Wzmocnione Al6061 Kompozyty			
	0	2	4	6
	Icor (mA/cm2)			
3.5	146	102	83	82
0.35	35	30	15	8
0.035	12	12	9	6
Normalność NaCl	Stopa korozji, [106] mpy			
3.5	62.6	43.7	35.6	35.2
0.35	15	12.9	6.4	3.4
0.035	5.1	5.1	3.9	2.6

Intensywność ataku korozji zwiększała się wraz ze wzrostem stężenia, na tej samej linii. Niektórzy badacze donoszą, że wzrost intensywności stężenia jonów chlorkowych w roztworze zwiększa szybkość korozji.

    Rysunek 30-32 pokazuje, że w 0% wzmocnionych MMC prędkość prądu korozji wzrastała wraz ze wzrostem stężenia roztworu NaCl.

6.3.4 Efekt wzmocnienia

    Na rys. 30-32 wyraźnie widać, że szybkość korozji Al / czerwonego błota MMC, zmniejszyła się wraz ze wzrostem zawartości czerwonego błota i że szybkości MMC były mniejsze niż stopu osnowy. Tendencja ta wynika z faktu, że cząstki czerwonego błota są z natury ceramiczne i dlatego pozostają obojętne w agresywnych mediach chlorkowych. Cząsteczki czerwonego błota zmniejszają również aktywną, narażoną powierzchnię MMC na działanie czynników korozyjnych.

6.3.5 Wpływ masy Procentowy udział roztworu NaCl

Kształt krzywych polaryzacji zależy od stężenia NaCl. Wiadomo, że reakcja chemiczna zależy od stężenia roztworu, powierzchni powierzchni próbki wystawionej na działanie czynników reakcji itp. Intensywność ataku korozyjnego zwiększa się wraz ze wzrostem stężenia, na tej samej linii niektórzy badacze przypisują tę tendencję intensywności stężenia Cl- roztworu, która wzrasta wraz ze wzrostem stężenia jonów Cl-, a także wzrasta szybkość korozji.

Tabela 2 przedstawia szybkość korozji w zależności od procentu wagi roztworu NaCl i procentu zbrojenia. Dla wszystkich próbek, niezależnie od obecności czerwonego szlamu wzmocnionego, szybkość korozji wzrastała wraz ze wzrostem stężenia roztworu NaCl. Wzrost udziału procentowego cząstek czerwonego szlamu wykazał mniejszą szybkość korozji niż w przypadku stopu osnowy.

W obecnym dochodzeniu stop Al-6061 zawiera głównie dwufazowe aluminium pierwotne i krzem eutektyczny. Zawiera on również wytrącenia, takie jak Mg2Si, CuAl2276, związek itp. podczas przygotowywania stopu. Ten stop wytrąca się zwiększona przewodność w fazie międzymetalicznej. Zapewnia to łatwiejszą drogę do wymiany elektronów, co jest niezbędne do redukcji wodoru. Al zazwyczaj dostaje negatywny znak dla swojego potencjału elektrody wymienione, który jest bardziej reaktywny niż wodór i może zmniejszyć jony wodoru do wodoru gazu. Dlatego też krzem pozwala aluminium funkcjonować jako anoda, przechodząc w reakcji deelektronizacji lub utleniania. Powszechnie wiadomo, że dodanie pierwiastków stopowych, takich jak Cu i Si, przesuwa potencjał korozji w kierunku szlachetnym i zmniejsza odporność na korozję Al6061.

Badawy *et.al* wyjaśnili w swoim raporcie, że zwiększenie zawartości miedzi zmniejsza odporność na korozję stopu Al6061. Ponadto, stop Al6061 jest silnie anodowy w stosunku do miedzi, co powoduje większą szybkość korozji ze względu na powstawanie lokalnych komórek galwanicznych.

W przypadku Al6061/Red mud composites, Red mud jest ceramicznym, obojętnym zbrojeniem działającym jako fizyczna bariera pomiędzy powierzchnią MMC a medium korozyjnym. W ten sposób zmniejsza narażoną powierzchnię stopu osnowy na działanie czynników korozyjnych. W ten sposób obecność fazy zbrojenia zmniejsza gęstość prądu korozyjnego, który jest jeszcze bardziej opóźniony poprzez zwiększenie stężenia dodanego zbrojenia, ponieważ zwiększa siłę wiązania matrycy. Ta siła wiązania zapobiega powstawaniu pęknięć w MMC podczas reakcji korozyjnej, a tym samym zwiększa odporność na korozję w MMC.

6.4 Badanie galwanostatem w różnych normalnościach kwasu solnego

Rysunek 33-44 przedstawia krzywe polaryzacji dla MMC z czerwonym błotem Al6061/, które są typowe zarówno dla kompozytów, jak i stopów osnowy, różniących się różnymi normalnościami roztworów HCl. W tabeli 7 przedstawiono szybkość korozji dla różnych normalności roztworów chlorku sodu dla stopu osnowy i jego kompozytów. Dla wszystkich próbek, niezależnie od procentowego udziału wzmocnienia TiO2, szybkość korozji wzrastała wraz ze wzrostem normalności roztworu HCl. Wzrost procentowego udziału wagowego cząstek TiO2 spowodował nieznaczne przesunięcie krzywej polaryzacji w kierunku osi bieżącej w porównaniu ze stopem.

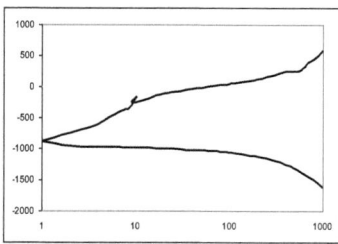

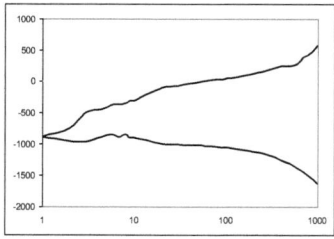

Rys. 29 . Krzywe galwanostatyczne na

0,1N roztwór HCl dla matrycy

Rys.30 Krzywe galwanostatyczne na Rys .29 .

0,1N roztwór HCl dla 2%MMC

113

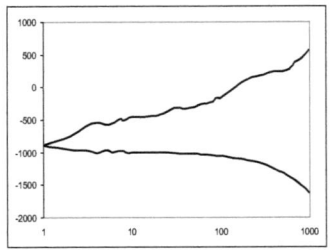 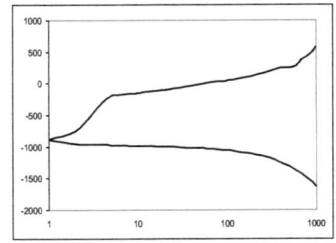

Rys. 31. Krzywe galwanostatyczne na   **Rys.32. Krzywe galwanostatyczne na**
Rys.32.
0,1N roztwór HCl dla 4% MMC   **0,1N roztwór HCl dla 6%MMC**

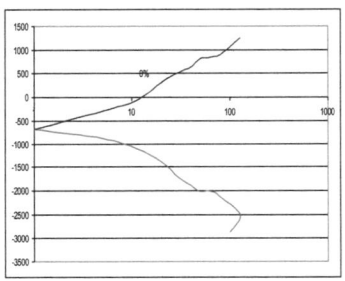 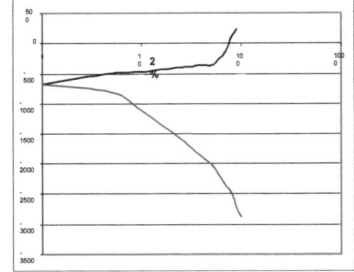

Rys. 33 . Krzywe galwanostatyczne w   **Rys. 34. Krzywe galwanostatyczne w**
0,05N roztwór HCl dla matrycy   **,05N roztwór HCl dla 2%MMC**

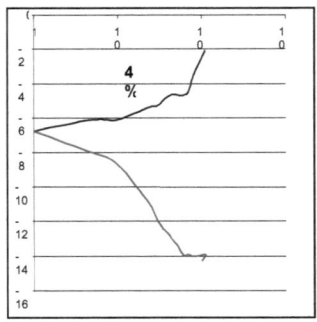 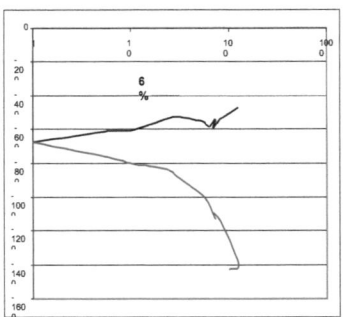

Rys. 35 . Krzywe galwanostatyczne na Rys   **. 36 . Krzywa galwanostatyczna w**
roztworze 0,05N HCl dla 4 %MMC   **0,05N HCl dla 6%MMC**

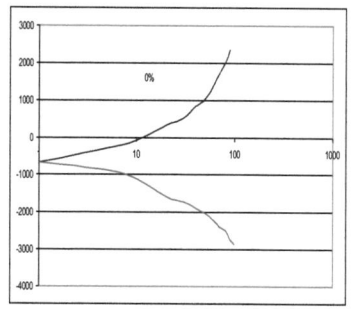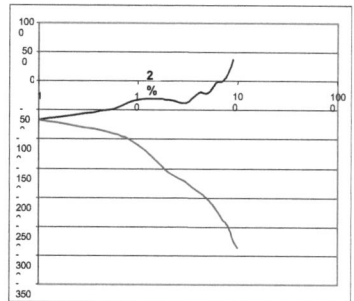

Rys. 37 . Krzywe galwanostatyczne w   **Rys. 38. Krzywa galwanostatyczna w**
0,025N roztwór HCl dla matrycy   ,025N roztwór HCl dla 2%MMC

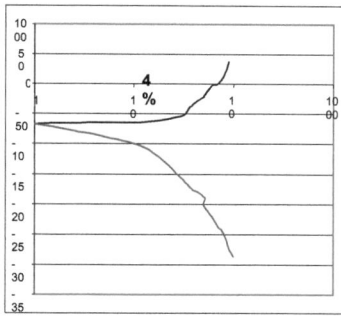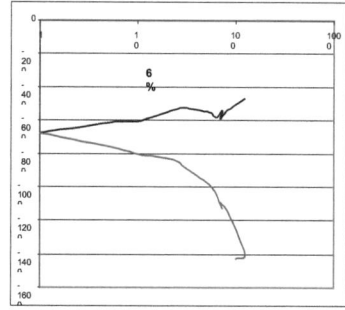

Rys. 39. Krzywe potencjostatyczne na Rys.40. Krzywe potencjostatyczne na Rys. 40.
0,025N roztwór HCl dla 4% ,   025N roztwór HCl dla 6%MMC

Tabela 7: Szybkość korozji galwanostatycznej dla różnych normalności HCl

Wt. % TiO2 → Normalność HCl ↓	0	2	4	6
	Stopień korozji w 104 mpy			
0.1	5.1244	4.8858	4.1236	3.8585
0.05	4.6625	4.2150	3.9958	3.6584
0.025	4.0025	3.9995	3.7748	3.1254

Gęstość prądu korozyjnego, Icor, stopów, jak również kompozytów silnie zależy od kilku czynników, takich jak skład stopu, wzrost dendrytu i elektrochemiczny charakter środowiska korozyjnego. Dodanie zbrojenia czyni ten proces bardziej złożonym.

Stwierdzono segregację pierwiastków stopowych i powstawanie wytrącin międzymetalicznych na styku (362). Ten składnik stopowy wytrąca zwiększoną przewodność w fazie międzymetalicznej, która zapewnia łatwiejszą drogę wymiany elektronów niezbędną do redukcji wodoru i jest widoczna w MMCs niż w stopie osnowy.

6.4.1 Dyskusja

Z elektrochemicznego punktu widzenia, matryca stopowa AL6061 ma mniej katodowy charakter w porównaniu z matrycą AL6061 MMC. Potencjalna różnica pomiędzy matrycą AL6061 a regionem międzyfazowym jest maksymalna w porównaniu do AL6061 i jego składników stopowych. Wzmocnienie przyspiesza również nieznacznie szybkość korozji MMCs aluminium poprzez wzrost reakcji redukcji chloru (Cl-) i wodoru (H+), jak również redukcję stopu metalu.

Obecność fazy zbrojenia zwiększa gęstość prądu korozyjnego, który jest wzmocniony przez dodatkowe wzmocnienie/matrycę międzyfazowego ataku elektrolitu. Na kompozytach zaobserwowano większą liczbę wżerów korozyjnych niż na stopie osnowy. Może to wynikać ze zwiększonej powierzchni międzyfazowej na styku zbrojenie/matryca w kompozytach. Jest to przyczyną większych strat materiałowych w kompozytach odpowiadających stopowi osnowy.

Gęstość prądu katodowego i szybkość korozji zwiększyły się w AL6061/Red mułku o rosnącej zawartości zbrojenia, co zostało przypisane aktywnemu elektrochemicznie interfejsowi pomiędzy matrycą a cząstkami zbrojenia. Przyczyny tego stanu rzeczy są następujące:

1. Segregacja magnezu na styku macierzy i zbrojenia, co przyczyniło się do powstania lokalnej komórki galwanicznej, która wzmacnia rozwiązania, zlokalizowany atak na styku zbrojenie-matryca.

2. Ponieważ region międzyfazowy charakteryzował się wysoką gęstością dyslokacji wynikającą z różnicowego niedopasowania termicznego, koncentracja naprężeń wokół cząstek powoduje transformację alotropową. Energia odkształcenia i transformacja alotropowa związana z przemieszczeniami mogła wzmocnić proces inicjacji wykopu. Niektóre cząstki stałe wypadły z matrycy z powodu rozległej korozji na styku matryca-zbrojenie.

3. Chociaż różni badacze zaobserwowali, że MMC wykazują zwiększoną podatność na atak wżerów w porównaniu z niewzmocnionych stopów, na interfejsie wzmocnienie/matryca. W przypadku kompozytów cząstkowych, zwiększenie objętości

116

zbrojenia może spowodować wzrost porowatości wraz ze zmniejszeniem odstępu między cząstkami Lucasa.K.A i wsp. (174). Powierzchnia i porowatość międzycząsteczkowa kompozytów ma tendencję do zwiększania wewnętrznej powierzchni odsłonięcia próbki, co może również zwiększać szybkość korozji.

W przypadku aluminiowych MMC opartych na stopie osnowy AL6061, początkowo prąd galwaniczny w momencie sprzęgania jest stosunkowo wysoki. Ze względu na tworzenie się wgłębień na powierzchni, prowadzi to do zwiększenia powierzchni ekspozycji zarówno dla wzmocnionych MMC jak i stopu osnowy. Wykazuje również większe wahania prądu, co może być spowodowane gromadzeniem się produktów korozji, które tworzą na powierzchni anody warstwę barierową, ale tworzenie się pęcherzyków powietrza usuwa ten produkt, co zwiększa gęstość prądu. Czerwony szlam, na który podczas próby prawie nie ma wpływu czynnik kwaśny, wystawiony jest na działanie powierzchni próbki w celu zmniejszenia powierzchni próbki w większym procencie kompozytów, dlatego też pokazuje, że prąd galwaniczny zmniejsza się wraz ze wzrostem procentu MMC. Cząsteczki pomagają uniknąć nasilenia ataku kwasu i tworzenia się pęknięć (363).

6.4.2 Morfologia skorodowanych powierzchni

W płytach 24 i 25 przedstawiono mikrografy SEM typowych skorodowanych powierzchni próbek kompozytowych wzmocnionych 0% i 6% TiO_2, które przedstawiają morfologię oczyszczonych skorodowanych powierzchni badanych próbek. Zaobserwowano, że w przypadku kompozytów AL6061 wzmocnionych czerwonym błotem, wżery uzależnione są od rozkładu TiO_2. Większy udział procentowy masy TiO_2 może skutkować większymi możliwościami rozerwania warstwy i większą liczbą miejsc inicjacji wżerów. Kompozyty wykazują tworzenie się wżerów na powierzchni, które maleją wraz ze wzrostem udziału procentowego kompozytów z czerwonym błotem. Mikrograf SEM stopu osnowy i 6% kompozytów wzmocnionych czerwonym błotem, przedstawiony w płytach 24 i 25, również wykazuje tworzenie się wżerów na powierzchni niż w przypadku stopu osnowy. Wynika to z połączenia osnowy z cząstkami, które zapewnia korzystne miejsca do powstawania wżerów na powierzchni, co z kolei prowadzi do usuwania materiału, a tym samym do utraty wagi.

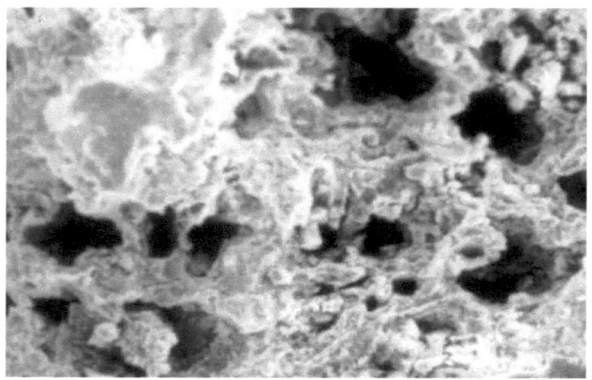

Płytka 33: Mikrograf SEM stopu matrycy po badaniu galwanostatem w 0,1N HCl

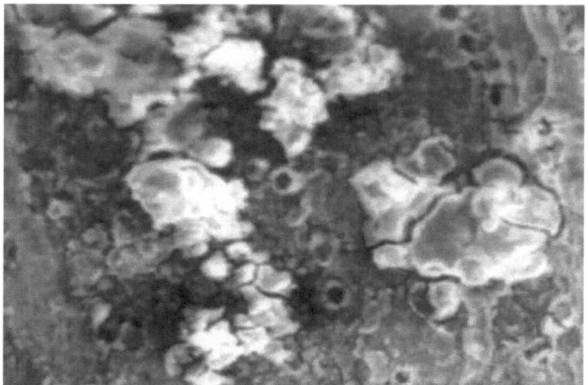

Płyta 34: Mikrograf SEM 6% MMC po badaniu galwanostatem   0,1N HCl

Wnioski z badania są następujące. Przeprowadzone badania w galwanostacie wykazały, że szybkość korozji matrycy AL6061 i MMCs AL6061 /Mud czerwony zmniejsza się, gdy zawartość błota czerwonego wzrasta od 0-6% we wszystkich stężeniach roztworów chlorku sodu. Przeprowadzone badania w galwanostacie wykazały, że szybkość korozji osnowy AL6061 i MMCs AL6061 /mud czerwony zmniejsza się wraz ze wzrostem zawartości madu czerwonego od 0-6% we wszystkich stężeniach roztworów kwasu solnego. Zastosowanie MMCs w łożyskach w środowisku kwaśnym i słonym jest bardziej odpowiednie niż stop osnowy.

6.5 Test potencjostatyczny (Technika polaryzacji potencjodynamicznej)
Użyto tego samego sprzętu, który jest używany do badania galwanostatu. Badania na Al6061/błoto czerwone MMC i matrycę prowadzono w różnych stężonych roztworach

chlorku sodu. Przyrząd zawierał również trzystopniową kolbę, w której znajdowała się elektroda platynowa, kalomelowa i robocza, tj. próbka połączona z miedzianym uchwytem i pokryta taśmą teflonową (158) z wyjątkiem porcji wystawionej na działanie roztworu elektrolitu. Jeden cm2 powierzchni próbki był wystawiony na działanie elektrolitu.

6.5.1 Test na obecność potencjostatu w roztworze chlorku sodu

Przed badaniem każda próbka była czyszczona w metanolu przez pięć minut i suszona na powietrzu. Badane roztwory 3,5, 0,35 i 0,035-procentowego chlorku sodu. Pomiary polaryzacji anodowej potencjodynamicznej uzyskano przy szybkości skanowania 0,167mVs-1. Nałożony potencjał w stosunku do wykresu prądów logarytmicznych uzyskano bezpośrednio z komputera osobistego.

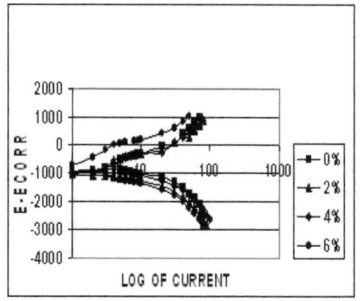 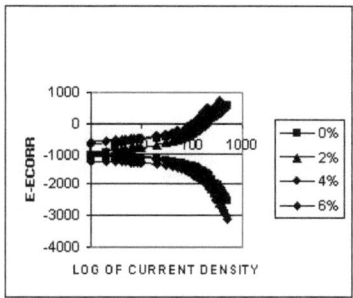

Rys. 41. Test na obecność potencjostatu w obecność potencjostatu w 0,035% roztwór NaCl

Rys.42. Test na 0,35% roztwór nacl

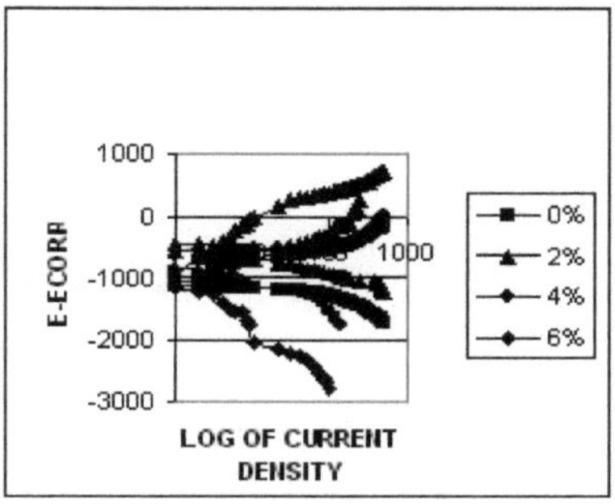

Rys.43. Badania nad potencjostatem w 3,5% NaCl

119

6.5.2 Zachowanie korozyjne

Rysunki 45-47 przedstawiają krzywe polaryzacji dla AL6061/Red Mud MMC's, które są typowe zarówno dla kompozytów jak i stopów osnowy, różniących się stężeniem roztworów chlorku sodu. Spadek stężenia roztworu powoduje wyraźny spadek właściwości korozyjnych zarówno kompozytu jak i stopu osnowy. Katodowe krzywe polaryzacji składników szlachetnych wykreślono w odniesieniu do wykresów polaryzacji anodowej. W celu określenia wpływu redukcji H2 i pasywacji aluminium na zachowanie się korozji galwanicznej wybrano te środowiska. Szybkość występowania korozji galwanicznej oszacowano na podstawie wykresów polaryzacyjnych, stosując metodę styczną (364). Mikrostrukturę powierzchni badano po teście korozyjnym przy użyciu optycznej techniki SEM.

6.5.3 Zachowanie korozyjne w różnych stężonych roztworach korozyjnych

Na rysunkach 45-47 przedstawiono krzywe polaryzacji dla stopu osnowy podstawowej i AL6061/Red mud MMCs, gdzie potencjał jest wykreślony Vs prądem galwanicznym do badań prowadzonych w roztworze NaCl o różnych stężeniach. Spadek stężenia roztworu NaCl powoduje wyraźny wzrost potencjału galwanicznego zarówno dla kompozytów, jak i dla stopu osnowy. Wskazuje to również na rozwój większej oporności elektrycznej pomiędzy środkami korozyjnymi a elektrodami. Dlatego odporność na korozję zwiększała się wraz ze wzrostem potencjału galwanicznego, co wskazuje, że szybkość korozji zmniejsza się wraz ze spadkiem stężenia mediów korozyjnych.

Tabela 4: Tempo potencjostatycznej stopu AL6061 i MMC w roztworach NaCl

Stężenie NaCl	Wt.% kompozytów Al6061 wzmocnionych kwarcem			
	0	2	4	6
	Stopień korozji, ^{106} mpy			
0.035%	1.3289	0.985	0.7502	0.073
0.35%	1.8004	1.8004	1.7361	1.5218
3.5%	3.6009	3.6007	3.2365	2.3577

6.5.4 Wpływ stężenia roztworu na szybkość korozji

Stężenie miało wyraźny wpływ na szybkość korozji wszystkich próbek. Wraz ze wzrostem stężenia roztworu NaCl zwiększyła się również szybkość korozji. Stwierdzono, że prąd korozji jest proporcjonalny do szybkości wydzielania się gazu wodorowego. Wiadomo, że reakcja chemiczna zależy od stężenia roztworu, powierzchni powierzchni reakcji itp. Intensywność ataku korozyjnego zwiększała się wraz ze wzrostem stężenia, na tej samej linii. Niektóre badania (365) przypisują tę tendencję do intensywności stężenia jonów chlorkowych w roztworze, co zwiększa szybkość korozji.

6.5.5 Efekt wzmocnienia

Z rysunków 45-47 wyraźnie widać, że szybkość korozji AL6061/Czerwony błoto MMC, zmniejszyła się wraz ze wzrostem zawartości kwarcu i że szybkości MMC były mniejsze niż stopu osnowy. Tendencja ta wynika z faktu, że cząstki kwarcu są z natury ceramiczne i dlatego pozostają obojętne w agresywnych mediach chlorkowych. Cząsteczki błota czerwonego zmniejszają również efektywny obszar narażenia MMC na reakcje w mediach.

6.5.6 Wpływ procentowego udziału masy roztworu NaCl

Tabela 8 przedstawia szybkość korozji w stosunku do procentu wagi roztworu NaCl i procentu zbrojenia. Dla wszystkich próbek, niezależnie od obecności zbrojenia kwarcowego, szybkość korozji wzrastała wraz ze wzrostem stężenia roztworu NaCl. Wzrost udziału procentowego cząstek kwarcu wykazał mniejszą szybkość korozji niż w przypadku stopu osnowy.

Stwierdzono, że stopień ekspozycji obszaru MMC na agresywne środowisko Cl- w badaniach korozyjnych prowadzi do mniejszej reakcji korozyjnej niż w przypadku stopu osnowy. Krzywa polaryzacji zarówno MMC jak i zbrojenia mają podobny charakter z niewielkimi zmianami potencjału. Zaobserwowano również, że ewolucja wodoru zmniejsza się nieznacznie wraz ze wzrostem procentowego udziału wagowego zbrojenia.

W przypadku kompozytów błota AL6061/Red błoto czerwone jest ceramiczne. Wzmocnienie działa jako fizyczna bariera dla reakcji korozyjnych, a także zmniejsza powierzchnię stopu osnowy do reakcji w mediach. Obecność fazy zbrojenia zmniejsza gęstość prądu korozyjnego, który jest dodatkowo hamowany przez dodatkowe zbrojenie (128), może również zwiększyć siłę wiązania osnowy i zbrojenia. Wytrzymałość wiązania zapobiega powstawaniu pęknięć w MMC na skutek korozji, co może być również jedną z przyczyn wzrostu odporności na korozję.

Kolejną przyczyną spadku szybkości korozji kompozytu jest interfejs zbrojenia i matrycy, który staje się miejscem korozji. Wynika to z powstawania magnezowej warstwy międzymetalicznej przylegającej do cząsteczki podczas produkcji, o czym mówił Beck W et al. (366). McIntyre et al. (367) wykazały ponadto, że międzymetaliczny związek magnezu jest bardziej aktywny niż matryca stopu. Wżery w kompozytach są związane z interfejsem cząstka-matryca, z powodu wyższego stężenia magnezu w tym regionie. Wraz ze wzrostem wżerów korozja wżerowa nadal występowałaby w przypadkowych miejscach na styku cząsteczka-matryca. Aktywny charakter szczelin chroniłby katodowo pozostałą część matrycy i ograniczałby powstawanie i rozprzestrzenianie się wżerów. Na tej samej linii Badawy et.al (368) wyjaśnił, że obecność małej ilości Mg w stopie Al poprawia zachowanie pasywacji stopu, co zwiększa odporność na korozję.

Na podstawie wyników stwierdzono, że korozja AL6061/Red mud MMC zmniejszyła się wraz ze wzrostem masy kwarcu i że odporność na korozję MMC była większa niż matrycy. Tendencja ta wynika z faktu, że

1) Błoto czerwone jest bardziej reaktywne elektrochemicznie
2) Matryca AL6061 jest mniej katodowa w porównaniu z MMC
3) Błoto czerwone przyspiesza redukcję H2 i Cl2

Kiedy stop jest przygotowywany, wytrącanie się stopu zwiększa przewodność w fazie międzymetalicznej, co zapewnia łatwiejszą drogę wymiany elektronów niezbędną do redukcji wodoru i może być postrzegane jako wyższe w czerwonym błocie MMC niż w stopie osnowy. Powszechnie wiadomo, że dodatek pierwiastków stopowych przesuwa odporność na korozję w kierunku szlachetnym i zmniejsza odporność na korozję stopu osnowy AL6061. Hongbo i wsp. (370) wyjaśnili w swoim raporcie, że zwiększenie zawartości pierwiastków stopowych zmniejsza odporność na korozję stopu aluminium. Obecność czerwonego błota zwiększa Icor, który jest wzmocniony przez dodatkowe wzmocnienie / Matrix atak międzyfazowy przez elektrolit, i odpowiada za większą utratę materiału MMCs.

W przypadku AL6061MMC zbrojenie w postaci kwarcu jest chemicznie obojętne zarówno w roztworach zasadowych jak i kwaśnych. Wzmocnienie z czerwonego błota działa jako fizyczna bariera dla reakcji korozyjnych, a także zmniejsza efektywną powierzchnię stopu osnowy do reakcji w mediach. Obecność fazy zbrojenia czerwoną błoną zmniejsza gęstość korozyjną, która jest dodatkowo hamowana przez dodatkowe zbrojenie (371), może również zwiększyć wytrzymałość wiązania matrycy i zbrojenia.

Zwiększona siła klejenia zapobiega powstawaniu pęknięć w czerwonym błocie MMC z powodu korozji, co może być również jedną z przyczyn wzrostu odporności na korozję.

6.5.7 Morfologia skorodowanych powierzchni

**Płytka 35; SEM Fotografie skorodowanej powierzchni Al6061 Matrix
Po badaniu potencjostatem w 3,5 % roztworze NaCl**

123

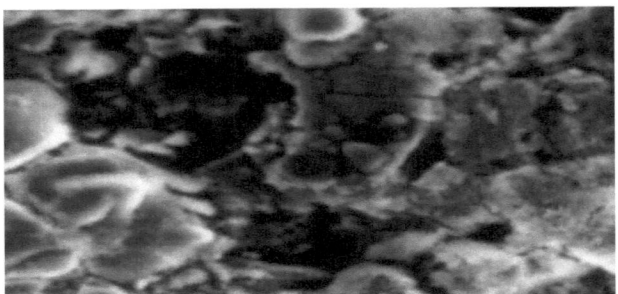

Płyta 36: SEM Fotografie skorodowanej powierzchni AL6061/6%Czerwonego błota po teście potencjostatem w 3,5% roztworze NaCl

Mikrofotografie SEM typowych skorodowanych powierzchni próbek kompozytowych wzmocnionych w 0% i 6% błotem czerwonym przedstawiono w tablicach 25 i 26, które przedstawiają morfologię oczyszczonych skorodowanych powierzchni badanych próbek. Zaobserwowano, że w kompozytach AL6061 wzmocnionych czerwonym szlamem wżery zależą od rozmieszczenia szlamu czerwonego. Większy udział wagowy czerwonego szlamu może skutkować większymi możliwościami zaburzeń błony oraz większą ilością miejsc do inicjowania wgłębień. Kompozyty wykazują tworzenie się wżerów na powierzchni, co zmniejsza się wraz ze wzrostem udziału procentowego czerwonego szlamu. Przedstawiony powyżej mikrograf SEM stopu osnowy oraz 6% kompozytów wzmocnionych czerwonym szlamem również wykazują dowody na tworzenie się wżerów na powierzchni niż w przypadku stopu osnowy. Wynika to oczywiście z kontaktu osnowy z cząstkami, który zapewnia korzystne miejsca do powstawania wżerów na powierzchni, które prowadzą do usuwania materiału, a tym samym do utraty masy.

6.6 Badania nad korozją naprężeniową

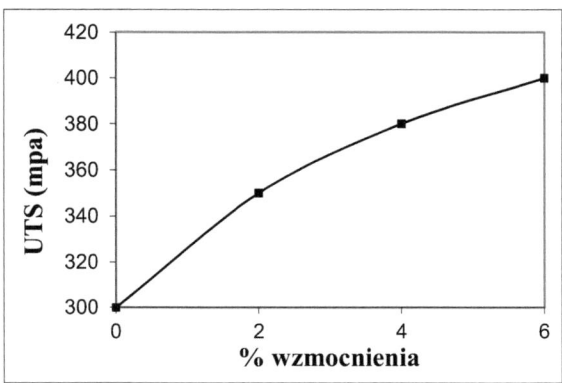

Rys. 44: UTS MMC po teście odporności na korozję naprężeniową w 1M HCl w temperaturze [300C]

Rysunek 48 pokazuje, że wytrzymałość na rozciąganie ostateczne (UTS) wzrasta, a szybkość korozji maleje wraz ze wzrostem procentowego udziału zbrojenia kwarcowego w Al6061 MMCs. Wytrzymałość na rozciąganie UTS wzrasta w wyniku utworzenia silnego połączenia międzymetalicznego na styku zbrojenia matrycy.

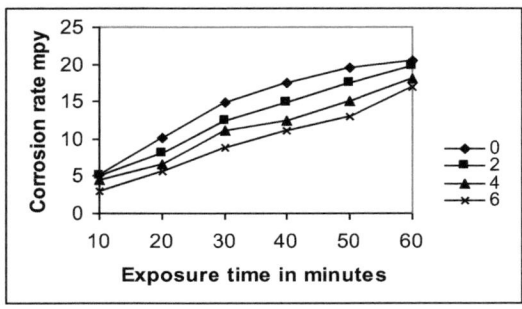

Rysunek 45. Szybkość korozji zarówno stopu osnowy, jak i kompozytu zmniejszała się wraz ze wzrostem zawartości kwarcu w temperaturze 100oC.

Rysunek 49 pokazuje szybkość korozji naprężeniowej osnowy i kompozytów w 1N HCl przez czas ekspozycji 30 minut w 100oC. Szybkość korozji zarówno stopu osnowy jak i kompozytu zmniejszała się wraz ze wzrostem zawartości czerwonego szlamu.

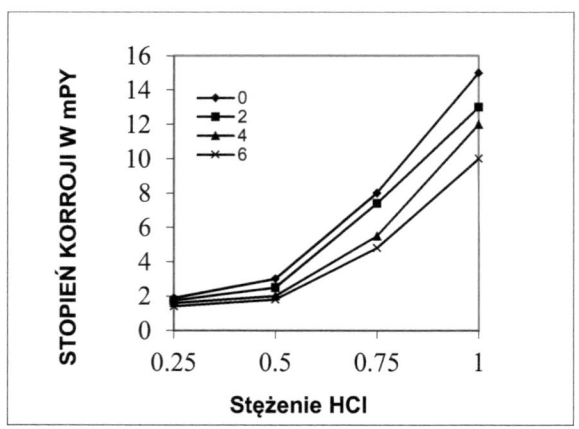

Rysunek 46: Szybkość korozji Vs Normalności HCl w temperaturze 100oc

Rysunek 50 pokazuje, że szybkości korozji naprężeniowej próbek wzrastały wraz ze wzrostem stężenia HCl. Szybkości korozji naprężeniowej stopu osnowy i jego MMC w 1M HCl w różnych temperaturach wzrastały wraz ze wzrostem temperatury. Ponieważ korozja jest zjawiskiem przewodzącym, w wysokiej temperaturze w 1M HCl uwalnianie H_2 (g) wzrasta ze względu na wzrost mobilności jonów H+. W związku z tym w wysokiej temperaturze wzrasta szybkość korozji. Można powiedzieć, że szybkość korozji zależy również od temperatury.

Powyższe dane wyraźnie pokazują, że tempo korozji zmniejsza się wraz ze wzrostem zawartości czerwonych cząstek błota. Innymi słowy, im większy jest dodatek czerwonych cząstek błota, tym większa jest odporność kompozytu na korozję.

Gaz wodorowy rozwija się, gdy aluminium jest wystawione na działanie wrzącej wody. Aluminium rozpuszcza się w roztworze HCl z wytworzeniem H_2, jak pokazano w poniższych reakcjach:

$$2Al+6HCl \rightarrow 2AlCl_3 + 3H_2 \quad .... 1$$

$$Al + 6 H_2O \rightarrow 2Al(OH)_3 + 3H_2 \quad ....2$$

$$2AlCl_3 + 6 H_2O \rightarrow \quad _3 + 3 H_2 + 3 Cl_2 . \quad ....$$

$$Al(OH)_3 \quad AlO(OH) + H_2O \quad ....$$

Różne szybkości reakcji są bezpośrednio zależne od zmiennych zewnętrznych, takich jak temperatura ośrodka kwaśnego, powierzchnia ekspozycji próbki, stężenie jonów wodorowych w roztworze i czas ekspozycji.

6.6.1 Wpływ czasu trwania badania na stopień korozji

Z badań literatury wynika, że w kompozytach Al/SiC szybkość korozji zmniejsza się wraz ze wzrostem czasu trwania. Wynika to z tworzenia się warstwy wodorotlenku glinu. Jednak w tym badaniu warstwa wodorotlenku glinu nie odgrywa większej roli w określaniu zmian szybkości korozji w odniesieniu do czasu ekspozycji. Wzrost szybkości korozji wyraźnie wskazuje na prawdopodobieństwo pękania warstwy wodorotlenku glinu przy zastosowaniu naprężeń. Wraz ze wzrostem czasu, grubość warstwy $Al(OH)_3$ zwiększa się &hence staje się bardziej podatna na pękanie. Tak więc wraz ze wzrostem czasu ekspozycji wzrasta szybkość korozji. Szybkość korozji również wzrosła wraz ze wzrostem normalności roztworu.

6.6.2 Wpływ wzmocnienia na szybkość korozji

Cząstki wzmocnienia są obojętne i dlatego nie reagują ze stopem osnowy. Wyniki badań korozyjnych wskazują, że wzrasta odporność na korozję wraz ze wzrostem ciężaru zbrojenia. Podobne wyniki uzyskała Sharma *et.al* w kompozytach ZA-27 wzmocnionych włóknem szklanym.

Rodringuez w swojej pracy cytuje, że interfejs pomiędzy stopem osnowy a wzmocnieniem jest najsłabszą częścią kompozytów wzmacnianych cząstkami stałymi lub włóknami. Dlatego też kompozyty o spoiwie międzyfazowym są krytyczne w procesie korozji. Ponieważ opracowane kompozyty wykazały poprawę właściwości mechanicznych, można stwierdzić, że interfejs pomiędzy aluminium a wzmocnioną cząstką jest dość mocny. Mogło to mieć wpływ na poprawę odporności tych kompozytów na korozję (369).

W przypadku magnezu zaobserwowano, że przy zwiększonej zawartości cząstek wzmacniających następuje zmniejszenie szybkości korozji. Spadek szybkości korozji wraz ze wzrostem zawartości zbrojenia może być również spowodowany powstaniem na styku magnezu i związków międzymetalicznych podczas odlewania, co zostało omówione przez Trzeskoma (357) i jest również widoczne w wynikach XRD. Związek międzymetaliczny magnezu jest bardziej aktywny niż stop osnowy, co wynika z obecności wżerów na powierzchni styku.

Strefy zubożania magnezu zachowują się anodowo w stosunku do stref przyległych, które mają wyższą zawartość Mg (strefy katodowe). Faza taka jak Mg2Si działa jako strefa anodowa (opady szlachetne) ze względu na niewielką zawartość Mg w przyległej matrycy.

6.6.3 Morfologia korozyjna

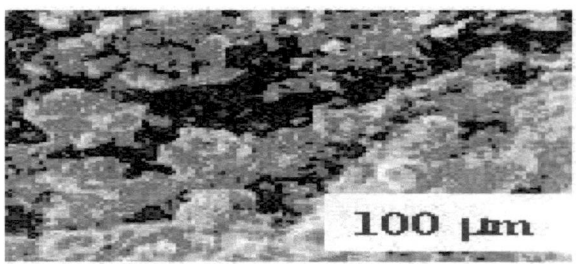

Płyta 37: Skorodowana powierzchnia matrycy Al6061

Badania wizualne próbek po doświadczeniach z korozją naprężeniową wykazały, że niewiele głębokich wgłębień, płatków i pęknięć powstało na niewzmocnionym stopie osnowy, a pęknięcia były prostopadłe do osi próbki, jak pokazano na tablicy 28. Zaobserwowano bardziej rozległe wżery powierzchniowe. Na niewzmocnionych kompozytach nie zaobserwowano pęknięć, a na powierzchni wzmocnionych kompozytów nie zaobserwowano pęknięć.

Jednakże w 2% wzmocnionych kwarcowo MMC Al6061 zaobserwowano niewiele pęknięć, a w 4% i 6% wzmocnionych kwarcowo MMC nie zaobserwowano pęknięć.

Płytka 38: Powierzchnia skorodowana Al6061-2% czerwonego błota MMC

Skorodowana morfologia powierzchni kompozytu błota   Al6061/czerwonego w temperaturze 100oC w 1M HCl i wystawionego na działanie 30 minut jest taka, jak pokazano na płytce 29.

Pitting zależy od lokalnego rozkładu kwarcu i integralności warstwy wierzchniej. Zawartość kwarcu na poziomie 2% ma tendencję do tworzenia miejsc inicjacji wykopu i możliwości przerwania filmu, dlatego też zaobserwowano większą liczbę   głębokich wykopów, co było podobne do niewzmocnionego stopu. Wżery w 2% wzmocnionych kompozytów są związane z interfejsem osnowy cząstek ze względu na wyższą zawartość magnezu.

Tablica 39: Powierzchnia skorodowana Al6061-6%Red Mud MMC

Mikrograf SEM o 6% morfologii powierzchni kompozytów wzmacnianych kwarcem jest taki, jak pokazano na płycie 26C. Ten mikrograf SEM wyraźnie wskazuje na większą liczbę wgłębień w kompozytach niż w stopie osnowy. Głębokie wżery w niewzmocnionej osnowie wykazały nasilenie ataku korozyjnego, który rozciąga się od jednego wżera do drugiego powodując pęknięcia. Pęknięcia te powodują stopniowe usuwanie części matrycy w postaci płatków. Stwierdzono, że doły w układzie wzmocnionym były mniejsze i liczniejsze niż w niezbrojonej macierzy.

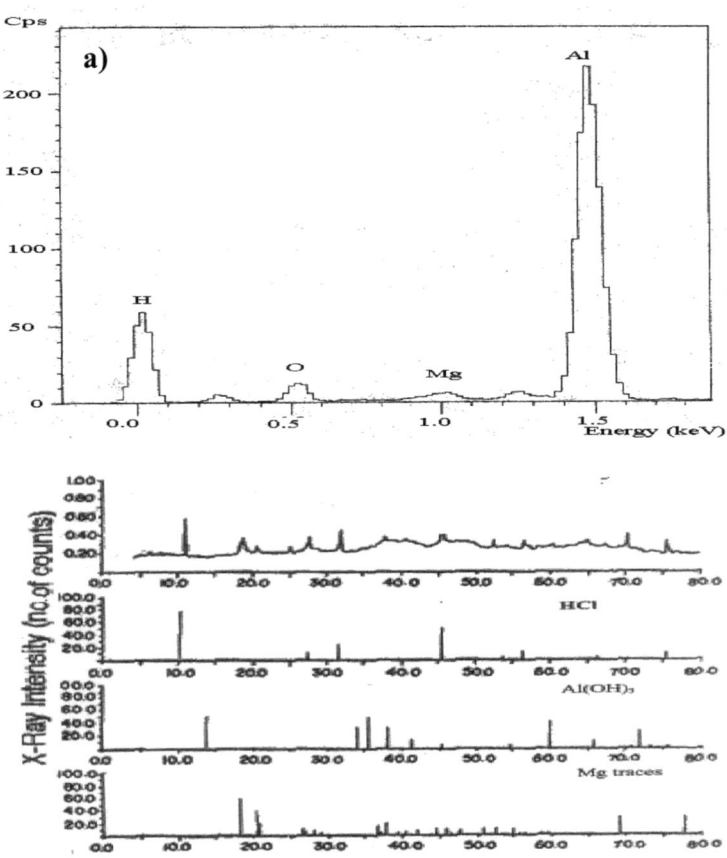

Rys. 40: Widma EDS i XRD Al6061-6% kwarcu w 1M HCl w 100 °C i 30 minutowym czasie ekspozycji

6.6.4(A) Analiza EDS

Rysunek-51 przedstawia skład skorodowanej warstwy. Widmo tych kompozytów wskazuje na obecność śladów sodu i krzemu. Piki wskazują na obecność kwarcu, a w widmie stwierdzono również obecność śladowych ilości magnezu.

130

6.6.4(B) Analiza XRD

Na rys. 17 w analizie XRD pokazano skład skorodowanego produktu, zgodnie z którym składem produktu jest Al(OH)$_3$, a także potwierdzono obecność śladowych ilości związku magnezu.

6.7 Próba w opryskiwaniu solą

Test w mgle solnej, przeprowadzony do 40 godzin, nie wykazuje utraty wagi dla matrycy i kompozytów. Jednak po czterdziestu godzinach stwierdzono, że w przypadku kompozytu wzmocnionego 6% czerwonym błotem występuje duże uszkodzenie osnowy oraz bardzo mała utrata masy w przypadku kompozytu. Ubytek wagi 2 % i 4 % kompozytów wzmocnionych czerwonym szlamem mieścił się w przedziale od osnowy do 6 % kompozytu.

6.8 Właściwości mechaniczne

Na rysunkach 52-55 przedstawiono zmienność UTS, twardości, wytrzymałości na ściskanie i procentowego wydłużenia, odpowiednio, kompozytów zawierających różne ilości błota czerwonego. W każdej z tych właściwości przygotowano sześć próbek dla każdego procentu kompozytów i obliczono średnią. Na wykresie 52 przedstawiono wyniki badań wytrzymałości na rozciąganie kompozytów z osnową aluminiową wzmocnioną cząstkami czerwonego szlamu.

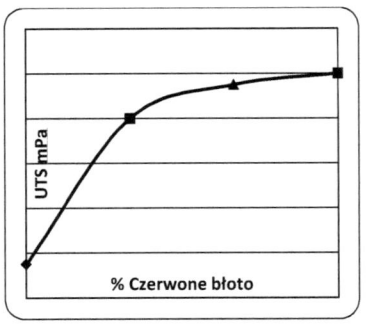 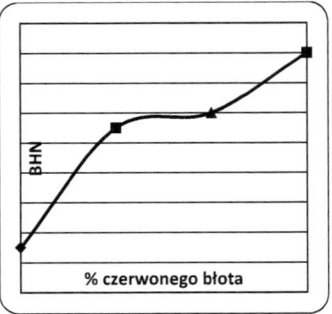

Rysunek 47. UTS matrycy i MMC R . **Twardość Macierzy i MMC**

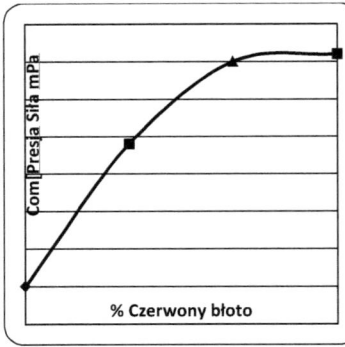 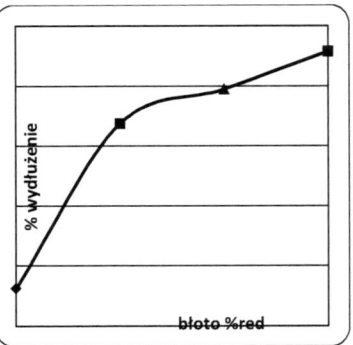

Rys.49. Wytrzymałość na ściskanie R .50. % **Wydłużenie osnowy i**
Matrix i MMCs MMCs

Rysunek 52 pokazuje stopniowy wzrost UTS materiału odpowiadający wzrostowi procentowemu zawartości błota czerwonego. Krzywe na wykresie są bardzo strome, co jest zrozumiałe ze względu na fakt, że wartości UTS zachowują się nieco analogicznie do obszaru plastycznego na krzywej naprężeń odkształcających w stali miękkiej. Różnica polega jednak na tym, że w przypadku stali miękkiej istnieje nieproporcjonalność pomiędzy naprężeniem i odkształceniem. Na tej krzywej wykres liniowy pokazuje proporcjonalną zależność nawet do zakresu UTS. Wówczas materiał ma większą tendencję do wytrzymywania obciążenia rozciągającego.

Zróżnicowanie wartości twardości kompozytów aluminiowych Brinella przedstawiono na rysunku 53. Dla każdego kompozytu pobrano 5 próbek. Dla każdego kompozytu twardość wzrasta wraz z zawartością czerwonych cząstek błota w aluminiowej matrycy. Odporność

132

na wgniecenie w próbie BH na wzrost zawartości czerwonego szlamu wykazuje znaczną poprawę w przypadku większego udziału procentowego dodatku cyrkonu. Odporność na wgniecenia jest miarą zdolności materiału do przenoszenia obciążeń statycznych, ścierania, deformacji powierzchni itp. Wyraźnie widać to po numerze twardości w wyższej płaszczyźnie jako znak poprawy właściwości materiału do tego kryterium. Należy zauważyć, że nie jest konieczne, aby wyższa wytrzymałość na rozciąganie i odpowiadająca jej wartość twardości była wprost proporcjonalna. Stąd ten wykres. (370-373).

Rysunek 54 przedstawia zmiany w badaniach ściskania w odniesieniu do wzrostu procentowego udziału błota czerwonego w aluminiowej matrycy. Krzywe wyraźnie pokazują, że dla coraz większego udziału zbrojenia wytrzymałość na ściskanie również wzrasta. Dokładne badanie wykresu wskazuje, że wytrzymałość na ściskanie wzrasta wraz ze wzrostem zawartości czerwonych cząstek błota w osnowie aluminiowej. Prowadzi to do wniosku, że dodatek czerwonego szlamu nie sprzyja spójności między wiązaniami i że istnieją przestrzenie międzycząsteczkowe. Stoi to w bezpośredniej sprzeczności z pojęciem wiązań interatomowych, gdzie spoistość jest znacznie poprawiona, ponieważ siły interatomowe są bardzo silne. W związku z tym przestrzenie międzycząsteczkowe muszą zostać spiłowane. Osiąga się to poprzez kompresję materiału. Przestrzenie międzycząsteczkowe są w ten sposób zmniejszane przez zastosowanie wytrzymałości na ściskanie. Oprócz tego możliwe jest wystąpienie wad odlewniczych w miejscach, gdzie w pustkach lub pęcherzykach powietrza powstają pęcherzyki lub otwory wydmuchowe. W takich przypadkach zastosowanie obciążenia ściskającego będzie miało tendencję do zagęszczania materiału znacznie bliżej, w wyniku czego puste przestrzenie zostaną ostatecznie wypełnione materiałem. (Ta sama właściwość w nieco inny sposób wykorzystywana jest przy przewracaniu). Tendencja ta daje podstawy do optymistycznej oceny, że zwiększenie udziału czerwonego szlamu zwiększy również wytrzymałość na ściskanie materiału, co jest właściwością charakterystyczną dla żeliwa takiego jak materiały spajane.

Wytrzymałość na rozciąganie nie jest zbyt duża w porównaniu z wytrzymałością na ściskanie. Może to być powodem istnienia wiązań międzycząsteczkowych, które są znacznie słabsze niż wiązania atomowe. Można zauważyć, że wytrzymałość elastyczna materiału leży w bardzo wąskim wiązaniu pomiędzy 50 a 54 kg/mm2. Co z pewnością nie jest ilością odczuwalną.

Rysunek 55 przedstawia stopniowy wzrost procentowego wydłużenia lub wytrzymałości elastycznej materiału odpowiadający wzrostowi procentowemu zawartości cyrkonu. Z tego można wywnioskować, że istnieje możliwość hartowania w celu uzyskania wyższego modułu sprężystości.

ROZDZIAŁ 7

WNIOSKI

Poniższe wnioski zostały sformułowane w ramach badań korozyjnych Al6061-Red mud MMCs

❖ Kompozyty z czerwonego szlamu Al6061 zostały pomyślnie przygotowane poprzez dodanie cząsteczek czerwonego szlamu do stopionych stopów Al6061 przy użyciu techniki ciekłego stopu metalurgicznego (metoda wirowa), a następnie odlewanie w odpowiednich formach stałych.

❖ W badaniach mikrostrukturalnych zaobserwowano 2%, 4% i 6% wstępnie podgrzanych, ale niepowlekanych czerwonych cząstek błota wzmocnionych skutecznie (temperatura ^{4000C}, czas trwania dwóch godzin) w stopach stopu Al6061 i równomierne rozproszenie cząstek.

❖ Stwierdzono, że szybkość korozji statycznej matrycy Al6061 i MMC zmniejsza się z 24 do 96 godzin, ponieważ % zawartości błota czerwonego wzrasta z 0 do 6 % w wodzie morskiej oraz we wszystkich stężonych roztworach kwasu solnego, chlorku sodu i równobiegunowych roztworach chlorku sodu i wodorotlenku sodu. Spadek szybkości korozji we wszystkich przypadkach był spowodowany obojętnym charakterem wzmocnienia i mniejszym narażeniem powierzchni stopu matrycy na korozję.

❖ Równomierny roztwór chlorku sodu i mieszaniny wodorotlenku sodu został użyty jako środek żrący, w celu zbadania odporności na korozję matrycy i MMC, ponieważ woda morska zawiera zarówno jony hydroksylowe i chlorkowe, a MMC są używane do zastosowań morskich, MMC powinny mieć właściwości odporności na korozję. Dlatego też, badając próbki MMC wzmocnionych błotem Al6061-Red z równobiegunowym roztworem chlorku sodu i mieszaniną wodorotlenku sodu, te MMC są bardziej odpowiednie dla środowiska morskiego.

❖ MMC i matrycę poddano badaniu potencjału w układzie otwartym w różnych stężonych roztworach HCl, NaCl, NaOH oraz równobiegunowych roztworach

NaCl i NaOH. We wszystkich przypadkach potencjał zmniejszał się do 32 godzin, a po tym czasie stawał się stały, co wynikało z pasywności opracowanej przez stop osnowy w MMC i obojętności zbrojenia. Tak więc MMC's zostały wykonane tak, aby nadawały się do pracy w środowisku kwaśnym i obojętnym.

❖ Matryce i MMC poddano badaniu galwanostatem w różnych stężonych roztworach NaCl i HCl. Za pomocą symulacji komputerowej utopiono katodową i anodową krzywą polaryzacji tafli. Określono icorr prądu korozyjnego oraz szybkość korozji. We wszystkich korodentach zmniejszano icorr i szybkość korozji wraz ze zmniejszaniem się stężenia roztworów NaCl i HCl oraz wzrostem zawartości czerwonego szlamu. Wynikało to ze zmniejszenia się powierzchni odsłoniętej zbrojenia osnowy do korodentów oraz pasywności wytworzonej przez osnowę.

❖ Matryce i MMC zostały poddane testowi potencjostatu w różnych stężonych roztworach NaCl. Katodowa i anodowa krzywa polaryzacji tafli została zagłuszona przez symulację komputerową. Określono icorr prądu korozyjnego oraz szybkość korozji. We wszystkich korodentach zmniejszano icorr i szybkość korozji wraz ze zmniejszaniem się stężenia roztworów NaCl i wzrostem zawartości czerwonego szlamu. Wynikało to ze zmniejszenia się powierzchni odsłoniętej zbrojenia osnowy do korodentów oraz pasywności wytworzonej przez osnowę.

❖ Matrycę i MMC poddano badaniu odporności na korozję naprężeniową w różnych stężonych roztworach kwasu solnego dla różnych czasów ekspozycji. Normalność kwasu solnego odgrywa istotną rolę w korozji AL6061/Red mud MMC's. Wzrost wydzielania się wodoru powoduje większą szybkość korozji. Szybkość korozji zwiększa się wraz ze wzrostem czasu ekspozycji i temperatury. Czerwone cząstki błota nie reagują z fazą osnowy nawet w podwyższonej temperaturze, dlatego też kompozyt z osnową metalową można rozważać w zastosowaniach wysokotemperaturowych. Wytrzymałość na rozciąganie próbki skorodowanej naprężeniem wzrasta wraz ze wzrostem zawartości czerwonego szlamu w osnowie. Ten wzmocniony czerwonym błotem kompozyt stopowy AL6061 może być używany jako materiał do zastosowań konstrukcyjnych oraz jako materiał tłumiący w pewnych obszarach.

❖ Test w mgle solnej, przeprowadzony na matrycy i MMC do 40 godzin, nie wykazuje żadnej utraty wagi dla matrycy i kompozytów. Jednak po czterdziestu godzinach stwierdzono, że na osnowie występują poważne uszkodzenia i bardzo mała utrata masy w przypadku kompozytów wzmocnionych 6% czerwonym błotem. Ubytek wagi 2 % i 4 % kompozytów wzmocnionych czerwonym szlamem mieścił się pomiędzy kompozytem osnowy a kompozytem 6%.

❖ Właściwości mechaniczne, takie jak wytrzymałość na rozciąganie, twardość, wytrzymałość na ściskanie i wydłużenie procentowe przeprowadzono na matrycy i MMC. Wszystkie właściwości wykazywały zwiększone wartości wraz ze wzrostem zawartości czerwonego szlamu. W związku z tym MMC są bardziej odpowiednie niż osnowa w wielu zastosowaniach.

❖ Badania mikrostrukturalne wykazały, że przed badaniem korozyjnym istniał niezmiennie równomierny rozkład Czerwonego błota, a jego konkretna wielkość mieściła się w przedziale 50-80µm, co wyraźnie wskazywało, że cząstki Czerwonego błota nie były uszkadzane podczas produkcji kompozytów. Pokazało to również, że w 6% wzmocnionych MMC cząstki były bardziej wyrównane w kierunku wzdłużnym, dzięki czemu stwierdzono zmniejszenie zużycia.

❖ Mikrograf SEM MMC, po teście korozyjnym, wykazał obecność wżerów na powierzchni. Liczba powstałych wżerów zależała od % zbrojenia. Wraz ze wzrostem udziału procentowego czerwonego błota zmniejszyła się liczba wżerów, co wynikało z połączenia cząsteczek osnowy.

❖ Badania wizualne próbek po różnych próbach korozyjnych wykazały obecność płatków i pęknięć dołów na matrycy, a powstałe pęknięcia były prostopadłe do osi próbki. Jednakże na próbkach MMC wzmocnionych 2% czerwonym błotem nie zaobserwowano żadnych pęknięć, a na próbkach MMC wzmocnionych 4% i 6% czerwonym błotem nie zaobserwowano prawie żadnych pęknięć.

❖ Chociaż szybkość korozji w matrycy i kompozytów można zmniejszyć za pomocą wielu innych wzmocnień, które były używane przez innych badaczy, wykorzystanie kwarcowych cząstek stałych jako wzmocnienie jest bardzo skuteczne w zmniejszaniu szybkości korozji, ponieważ jest bardzo obojętny na wszelkiego rodzaju mediów korozyjnych, a także zmniejsza koszty metody, jak Czerwony błoto jest tanim materiałem i bardziej dostępne w naturze. W ten sposób Al6061-Red mud wzmocnione kompozyty metalowe na osnowie mogą być używane do wielu zastosowań.

ROZDZIAŁ 8
REFERENCJE

1. J. R. Davis (Ed.), "Corrosion. Understanding the Basics", ASM International, Ohio, 2000

2. S.A. Shipilov, "Sessions of Corrosion Education and Training", 16thInternational Corrosion Congress (16ICC2005), Beijing,2005.

3. N. Chawla i Y. Shen, "Mechanical Behaviour of Particle Reinforced Metal Matrix Composites", Advanced Engin eering Materials, 2001, 3, No. 6, 357-370.

4. Lloyd DJ, "Particle reinforced aluminium and magnesium composites", International Materials Review, 39, No.1 (1994) P 1-23.

5. L. H. Hihara, R. Bregman, i P. K. Takahashi, "Marine Alications for Advanced Composites Materials", Proceedings of the International Conference on Advanced Composite Materials, Publ by Minerals, Metals and Materials Society (TMS), Warrendale, PA, USA, 1993, 95-100.

6. M. K. Suraa, "Kompozyty z matrycą aluminiową. Challenges and Oortunities", Sadhana - Academy Proceedings in Engineering Sciences, 2003, 28, No. 1-2, 319 -334.

7. D. L. Erich, "Metal Matrix Composites. Problemy, aluzje, i potencjał w PM Industry", Metal Powder Report, 1988, 43, No. 6, 418-423.

8. P Rohatgi, "Kompozyty aluminiowo-matrycowe odlewane do zastosowań automatycznych", Journal of Materials Science, 1991, 43, No. 4, 10-15.

9. A. I. Nussbaum, "New Alications for Aluminum-Based Metal Matrix Composites", Light Metal Age, 1997, 55, No. 1-2, 3-7.

10. R. W. Mohn i D. Vukobratovich, "Recent Alications of Metal Matrix Composites in Precision Instruments and Optical Systems", Optical Engineering, 1988, 27, No. 2, 90-98.

11. P. C. R Nunes and L. V. Ramanathan, "Corrosion Behaviour of Alumina-Aluminum and Silicon Carbide-Aluminum Metal Matrix Composites", Corrosion Science, 51, No. 8, 1995, 610-617.

12. P. P. Trzaskoma, "Pit Morphology of Aluminum Alloy and Silicon Carbide/Aluminum Alloy Metal Matrix Composites" Corrosion Science, 46, No. 5, 1990, 402-409.

13. M. M. Buarzaiga i S.J. Thorpe, "Corrosion Behaviour of As-Cast, Silicon Carbide Particulate-Aluminum Alloy Metal-Matrix Composites", Corrosion Science, 50, No. 3, 1994, 176-185.

14. Z. Ahmad i B. J. A. Aleem, "Effect of Temper on Seawater Corrosion of an Aluminum-Silicon Carbide Composite Alloy", Corrosion Science, 52, No. 11, 1996, 857-864.

15. W. Neil i C. Garrard, "The Corrosion Behaviour of Aluminum-Silicon Carbide Composites in Aerated 3.5% Sodium Chloride", Corrosion Science, 36, No. 5, 1994, 837-851.

16. S.Golledge i J. Kruger, "Effect of Anodic Film Properties on the Corrosion Behaviour of SiC/Al Metal Matrix Composites", Electrochemical Society, 85, 1985, 227-228.

17. I. N. A. Oguocha i S. Yannacopoulous, "Precipitation and Dissolution Kinetics in Al-Cu-Mg-Fe-Ni Alloy 2618 and Al-Alumina Particle Metal Matrix Composites", Materials Science and Engineering A: Structural Materials: Właściwości, mikrostruktura i obróbka, 1997, A231, nr 1-2, 25-33.

18. I. N. A. Oguocha i S. Yannacopoulous, "Behaviour of Alumina Particle-Reinforced 2618 Aluminum", Proceedings of the International Symposium on Developments and Alications of Ceramics and New Metal Alloys, Publication by Canadian Institute of Mining, Metallurgy and Petroleum, Montreal, Quebec, Canada, 1993, 245- 258.

19. Pruthviraj.R.D., P.V.Krupakara i V.Bheema Raju "Effect of Reinforcement content on the corrosion properties of ZA27/SiC composites in acid chloride mediums", artykuł opublikowany w "Journal of SAEST" 41(1) 2006, 35-38.

20. Forsyth P., Composite Materials, wydane dla Institute of Metallurgy, McGraw Hill, New York (1975) P 1-13.

21. Harris S.J., Cast Metal, Matrix composites Mat. Nauka i technika, 4 marca (1988) P 231-239.

22. Seshan S., V.G.S .Mani, P Sriram , Zinc Aluminium Cast Alloys-Mechanical properties and Bearing characteristics 36th Annual Convention -IIF (1987) P 76-81.

23. Pruthviraj.R.D i P.V.Krupakara "A study on corrosion behaviour of ZA-27/SiC Composite at higher Temperature in Acidic Medium Using Autoclave " "International   Research Journal of Chemical Sciences and Environmental Sciences" 10(3), 2006, 71-75

24. Hibbard W.R. Fibre glass composite Materials, American Society for Metals, Metal park, Ohio(1964) P 1.

25. Harris S.J. "Cast Metal Matrix Composites" Mat. Nauka. I technologia. 5 marca (1989) P 230-238.

26. Keshvram B. N. Ph.D. Thesis Kerala University (1984).

27. Prasad, S. V. & Rohatgi, P .K. Tribologicill właściwości kompozytów cząsteczek stopu AJ. Journal of Metals, 1987, 22.

28. S. Charles, C. R. Kamalakannan, i A. Mohana Krishnan, III Int.National conference proceedings, AD Comp 2000 P 577.

29. N.S.K. Prasad Hardy Composites.

30. Jons, Robert M, Mechanika materiałów kompozytowych, MCGraw Hill, Newyork (1975) P 1-13.

31. Evans A, March, i C.S, Mortensen. Przemysł Metal Matrix Compositesin. Wprowadzenie i badanie. Klumer Academic Publisher;(2003) 375-386.

32. M. D. Huda, M.S.J.Hasmi, i M.A.EL- Baradie, "MMCs; Materials, Manufacturing and Mechanical Properties", Key Engg. Mat 104-107 (1995) P 37.

33. M. Saxena, O. P. Modi, A. H. Yegneswaran i P. K. Rohatgi, "Corrosion Characteristics of Cast Aluminum Alloy-3 wt.% Graphite Particulate Composites in Different Environments", Corrosion Science, 1987, 27, No. 3, 249-256.

34. I. Saxena, A. K. Jha, i S. Upadhyaya "Corrosion Behaviour of Sinstered 6061 Aluminum Alloy-graphite Particle Composites", Corrosion Science, 1993, 28, 4053-4058.

35. D. Nath i T. K. G. Namboodhiri, "Some Corrosion Characteristics of Aluminum-Mica Particulate Composites", Corrosion Science, 1989, 29, No. 10, 1215-1229.

36. D. M Aylor i P. J. Moran, "Effect of Reinforcement on the Pitting Behaviour of Aluminum-Base Metal Matrix Composites", Journal of the Electrochemical Society, 1985, 321, No. 6, 1277-1281.

37. A. Pardo, M. C. Merino, F. Viejo, S. Feliu, M. Carboneras i R. Arrabal, "Corrosion Behaviour of Cast Aluminum Matrix Composites (A3xx.x/SiCp) in Chloride Media", Journal of the Electrochemical Society, 2005, 152, Issue 6, B198-B.

38. A. Pardo, M. C. Merino, F. Viejo, S. Feliu, M. Carboneras i R. Arrabal, "Corrosion Behaviour of Cast Aluminum Matrix Composites (A3xx.x/SiCp) in Chloride Media", Journal of the Electrochemical Society, 2005, 152, No. 6, 198-204.

39. H. Sun, E. Y. Koo i H. G. Wheat, "Corrosion Behaviour of SiCp/6061 Al Matrix Composites, Corrosion Science, 1991, 47, No. 10, 741-753".

40. G. W. Roper i P. A. Attwood, "Corrosion Behaviour of Aluminum Matrix Composites", Journal of Materials Science, 1995, 30, No. 4, 898 - 903.

41. Z. Feng, C. Lin, J. Lin i J. Luo, "Pitting Behaviour of SiCp/2024 Al Metal Matrix Composites", Journal of Materials Science, 1998, 33, 5637-5642.

42. J. R. Davis (Ed.), "Corrosion of Aluminum and Aluminum Alloys", ASM International, Ohio, USA, 1999.

43. F. A. Fasoyinu, J.P. Thomson, D. Cousineau, J. Barry i M. Sahoo, "Mechanical Properties and Metallography of Al-Mg Alloy 535.0", AFS Transations, 03, Issue 115, 2003, 1-13.

44. Z.Szklarska-Smialowska, "Pitting Corrosion of Aluminum", Corrosion Science, 41, nr 9,(1999), 1743-1767.

45. Krishnan K.Chawla., Springer-Verlag "Composite materials Science and engineering", New yark, Inc, (1987), P 79-82.

46. Z. Szklarska-Smialowska, "Insight into the Pitting Corrosion Behaviour of Aluminum Alloys" Corrosion Science, 33, No. 8, 1992, 1193-1202.

47. G. Kiourtsidis i S. M. Skolianos, "Corrosion Behaviour of Squeeze-cast Silicon Carbide-2024 Composites in Aerated 3.5 mas.% Sodium Chloride", Materials Science and Engineering, A 248, 1998, 165-172.

48. A. Pardo, M. C. Merino, F. Viejo, S. Feliu, M. Carboneras, and R. Arrabal, "Influence of Reinforcement Proportion and Matrix Composition on Pitting Corrosion Behaviour of Cast Aluminum Matrix Composites (A3xxx.x/SiCp), Corrosion Science, 47, Issue 7, 2005, 1750-1764.

49. A. K. Bhattamishra i K. Lal, "Influence of Ageing on Corrosion Behaviour of Al-Mg-Si Aloys in Chloride and Acid Media", Materials Research and Advanced Techniques, 1998, 89, No. 11, 793-796.

50. P. P. Niskanen, "Influence of Microstructure on the Corrosion of Al-Li, Al-Li-Mn, Al-Li-Mg and Al-Li-Cu Alloys in 3.5wt.% NaCl Solution", Aluminum-Lithium Alloys: Postępy Pierwszej Międzynarodowej Konferencji Aluminium-Lithium, Atlanta, USA, 1981, 347-376.

51. C. A. Turnbull, "Review of Corrosion Studies on Aluminum Metal Matrix Composites, British Corrosion Journal, 1991, 27, Issue 1, 27-35.

52. M. C. Reboul, "A Ten-Step Mechanism for the Pitting Corrosion of Aluminum", Materials Science Forum, 217, Issue 3, 1996, 1553-1558.

53. S. H. Sanad, "Corrosion of Al-Mg Alloys in Sodium Chloride Solutions", Corrosion Prevention and Control, 29, Issue 3, 1982, 21-23.

54. V. Guillaumin i G. Mankowski, "Localized Corrosion of 6056 T6 Aluminum Alloy in Chloride Media", Corrosion Science, 42, 2000, 105-125.

55. F. Cao, "Electrochemical Features During Pitting Corrosion of LY12 Aluminum Alloy in Different Neutral Solutions", Acta Metallurgica Sinica, 16, Issue 4, 2003, 319-326.

56. Heggins R. A., właściwości materiałów konstrukcyjnych (1986).

57. EI- Baradie M.A., "Manufacturing for Aerospace structural materials" Journal of Mat Processing Technology 24, (1990) P 261.

58. Das S Dan T. K. Prasad S.V. abd Rohatgi P.K. "Silicon-Based Materials from Rice Husks and their alications" Jour of Mat Scie litery 5, (1996) P 562.

59. Majumder B S Yegneshwaran A. H & Rohatgi P.K "Processing and properties of Ni-Zro- 2P/M Composites", Mat Science Engg 68, (1984) P 85.

60. Nieh T. G.and Chellman D.J. "Flow strength and size effect of an Al-Si-Mg composite model," Scripta Metal 18 (1984) P 925.

61. Hasson D. F., Hoover S. M. i Crowe C. R. "Near-Threshold fatigue crack growth in aluminium composite," Jour of Mat Scie 20 (1985) P 4147.

62. Girot F.A., Quenisset J. M. i Naslain R. "Development and characterization of metal matrix composite using red mud" Composites Science and Technology 30 (1987) P 155.

63. Mohan W.R., Vukobratovich D., Recent applications of Metal Matrix composites in precision instruments and optical systems," Jour of Engg.10, 3, (1988) P 255.

64. Schoutens J.E., "Inkluzje nieprzewodzące w matrycy przewodzącej", Ręczna księga ceramiki i kompozytów P 495.

65. Arsenault R.J., "Interfacial bond strength in an aluminium alloy 6061-Sic composite", Materials Science and Engineering, 64 (1984) P 171.

66. Johnson W.S., kompozyty Metal Matrix. Wiadomości z normalizacji ASTM, październik (1987) P 36-39.

67. Arsenault R.J., "Study of fracture behaviour of SiCp/A356 composites. Elsevier 138 (1991) P 227.

68. Levi C.G. Abbaschain G.J. i Mehrabian R., "A method for fabrication of aluminium-alumina composites", Metallurgical Transactius, 9 A (1978) P 697.

69. Calemen G.R., Watts J. F. i clyne T.W., "The squeeze infiltration process for fabrication of metal-matrix composite", Journal of Mat Scie 20 (1985) P 2159.

70. B.F.Quigley, G.J.Abbaschain, R.Wunderlin i R.Mehrbian "Evaluation of Al-Cu-Mg alloys conaining discontinuous alumina fibres", Metallurgical Transactions, 13A, (1982) P 93.

71. Poonawala, N.S., Chakrabarti i A.K"Właściwości zużycia azotowanych żeliwa chromowego", 17(2) (1993) 580

72. M.M.Schwertz. Composite Materials Handbook, McGraw Hill (1984).

73. C.M.Friend i S.D.Luxton, "Aging behaviour of squeeze cast SiCw/ AZ Magnesium matrix composite journal of Mat.Science 23, (1988) P 3173.

74. John W.Weeton, Dean M.Peters Karyn i L.Thomas, przewodnik inżyniera po materiałach kompozytowych.

75. K.H.W Seah, S.C.Sharm and Girish "Właściwości mechaniczne kompozytów ZA-27 z grafitem w postaci odlewów i materiałów kompozytowych z cząstkami stałymi poddanymi obróbce cieplnej". Materials science 28, 1997 P 251-256.

76. Ibrahim I, A. Mortensen J. A., Cornie i M. J.C. Flemings Developments in the Processing and Properties of Particulate Al-Si Composites "Met Trans 19A (1988) 709.

77. R.L.Mahar, R.Jakasand i C.A.Bruch, "Particularte reinforced metal matrix composites review" Tech.Rep. AFML-TR 68 May (1968).

78. R.Mehrabian "proces nieciągłe wzmacnianych kompozytów osnowy metalowej przez szybkie krzepnięcie" Meter.Soc.Symp 120(1988)3

79. Duralcan "Techniki przetwarzania cząstek stałych do produkcji kompozytów na osnowie metalowej", Sen Diego CA 92121

80. T.W.Clyne M.G. Bader. G.R.Caleman i P.A Hubert J "Ocena stopów Al-Cu-Mg-Ag zawierających nieciągłe włókna tlenku glinu", II. Mechanical behaviour Material Science 20 (1985) 85.

81. T.W. Clyne i J.F.Mason "The threshold pressure of infiltration into fibrous performs", Met Trans 18A (1987) 159

82. J.A.Cornie, A. Mortansen i H.C.Flemings "Processing techniques for particulatereinforced metal matrix matrix composites", w procentach [6.] międzynarodowej konferencji jako materiały kompozytowe pod redakcją F.L. Mathews, N.C.R. Buskell, J.M. Hodgkinson i J.Morton (1987) 229

83. T.Donomoto, N.Miuras, K. Funatani i N. Miyakee "Production and properties of SiCp-reinforced aluminium alloy composites," SAE Tech paper No.83052 Detroit (1983)

84. B.Ferguson, A.Kuhn, O.D.Smith i F. Hofstatier, Int.JPowd. "Review on TiC reinforced steel composites," Metal Powd.Tech 20 (1984) 131.

85. M.S.Newkirk, A.W. Urguhart, H.R. Zwicker i E. Breval, "Reactive casting of ceramic composites (r-3C)", J.Mater Res 1 (1986) 81.

86. J. Weinstein w postępowaniu Int. Krajowego Sympozjum "Postępy w obróbce i charakteryzowaniu ceramicznych kompozytów na osnowie metalowej CIM/ICM", 17 pod redakcją H. Mostaghaciego (1989) 132.

87. S.Krishnamurthy Y.W.Kim, G.Das i F.H. Froes w "Kompozytach na metalowo-ceramicznej matrycy", modelowanie przetwarzania i zachowanie mechaniczne pod redakcją R.B.Bhagata, A.H.Clevera, P.Kumara i A.M.Rittera (TMS Warrendale PA 1990) 145.

88. H.Jones "Rapid solidification of Metals and alloys Monograph series No.8", Institute of Metallurgists (1982).

89. "Rapidly solidified Aluminium alloys status and prospects", NMAB-368 National academy pressWashington DC (1981).

90. G.Elkabir, L.K. Rabenberg, C.Persad i H.L.Marcus, "Particulate reinforced metal matrix composites", Scripta Metall 20 (1986) 1411.

91. W. Meyerer, "Many aspects to improve damage tolerance collapsible composites", proct of 1978 Int conf. on composite materials ICCM 2, AIME, 141.

92. W.C.Harrigen i R.H.Flowers, "Failure modes in composites IV", Edited by cornie and Crossman, AIME (1977) 319.

93. R.T.Peer i R.A.Penty.J "Wpływ ekspozycji termicznej na właściwości mechaniczne kompozytów aluminiowo-grafitowych", materiał kompozytowy 8, 29 (1974).

94. J.R.Vinson i T.W.Chou, "composite materials and their use in and structures", (1975).

95. J.T.MOOre, D.V. Wilson i W.T. Roberts, "Kompozyty polimerowe wzmacniane włóknami 3DF", materiałoznawstwo Engg 48 (1) (1981) 107.

96. I Shota i O.Watanabe J. "High Resolution electron microscopy of zeolites", Mater Scie 14 (3) (1979) 699.

97. M.Sakai, O-Watanabe "Effects of fiber ume fraction, hot pressing parameters and alloying elements on tensile strength of carbon fiber reinforced coer matrix composite prepared by discontinuous three-step electrodeposition", trans. Japan Met.Inst 43 (3) (1979) 181.

98. R.T.Deski i D.R.Beeler "Particulate metal matrix composites review"SAMPLE Symp24 (2) (1979) 1382.

99. F.A.Girot, J.M.Ouenisset i R.Waslain, "Castings and extrusion characteristics of an Al-Zn-Mg alloy composites", Composites science and technology 30 (1987) 155.

100. T.G. Nieh i D.J. Chellman "Flow strength and size effect of an Al-Si-Mg composite model system under multiaxial loadings," scripta-Metallurgica 18 (1984) 925.

101. J.White and T.C.Wills " K2O 6TiO2 Wisker wzmocniony kompozytem aluminiowym metodą metalurgii proszkowej,"Timaterials and Design 10(3) (1989) 121.

102. A.P.Divecha,   S.G.Fishman,   i   S.D.Karmarkar,   Mikrostrukturalna charakterystyka 2124 kompozytu Al-SiCW J.Metals 9, 12 (1981).

103. A.P.Divecha, S.G.Rick i M.C.Flemings "Processing techniques for particulate reinforced alluminium metal matrix composites," Met Trans 5 (1974) 1899

104. L.H. Hihara, Hongbo Ding i Z.J. Lin "The Formation of Anodic and Cathodic Corrosion Sites on Aluminum Metal-Matrix Composites," Eight Japan International SAMPE Symposium and Exhibition, Tokyo, Japan, 18 - 21 November 2001.

105. E.F.Fascedtta, R.G.Rick, R.Mehrabian i M.C.Flemings "Preparation and casting of metal-particulate non-metal composites", Trans AFS (1973) 81.

106. Pai B.C., i Rohatgi P.K. "Influence of Graphite Type, Modification and Hot Working on Wear of Aluminium Based Particulate Composites", Journal of Mat Scie 13 (1978) 329-335.

107. Badia F.A.Mac Donald D.F. and Pearson "Influence of Graphite Type, Modification and Hot Working on Wear of Aluminium Based Particulate Composites", J.R.Trans AFS 79(1971) 265-268.

108. Patton "Albite mineral information and data," A.M.Jour of Inst.Met (1972) 100 197-201.

109. B.Venkataramanan i G.Sundarajan, "The Sliding Wear behavior of Al-SiC particle composite II", Acta Mater, 44(2) (1996) 416-473.

110. Poonawala N.S., Chakrabarti.A.K., "Właściwości ścierne azotowanych żeliwa chromowego, 17(2) (1993) 580

111. Krishnan B.P., Suraa M.K. i Rohatgi P.K. "The UPAL process: a direct method of preparing cast aluminium alloy-graphite particle composites", J.of Mat.Scie, 16 (1981) 1209-1216.

112. Vinson "J.R. and Chour T.W. "Composite materials and their use in structures", Elsevier Alied Science, 34 (1975) 122-123

113. A.Wang i H.J.Rack, "Transition wear behaviour of Sic-particulate whisker reinforced 7091 Al metal matrix composites", Mat. Scie.& Engg., 147 (1991) 211-224.

114. H.J.Rack processing of [6th] International conference on "composite materials", Edt.by F.L.Mathews N.C.R.Buskell, J.M.Hodginkinson and J.Morton (1987) P 2382.

115. S.Y.oh, J.A.cornie i K.C.Russell "Mokre i międzyfazowe reakcje w kompozytach na osnowie metalowej Al-Li-SiCp przetwarzanych metodą rozpylania natryskowego i osadzania", proces ceramiczny 8 (1987) 912.

116. S.M.Wolf, A.P.Leviff i J.Brown Chem Eng por.62, 74.

117. C.G.Levi, G.J. abadchain i R.Mehrabien "Mechanical properties of as-cast and heat-treated lead alloy/zircon particulate composites", Metall TRANS pA (1978) 697.

118. Metcalf "Physical and chemical aspects of their phase composite materials Inter faces in MMV, Academic press NY(1974).

119. Kompozyt na osnowie aluminiowo-matrycowej wzmocniony węglikami krzemu". Materoznawstwo Wpływ wielkości cząstek wzmocnienia na przewodność cieplną Inżynierii 77 (1986) 191.

120. B.M. Venkataraman i G.Sunararajan, "Zużycie ślizgowe kompozytów zawierających cząsteczki Al-SiC". Acta mater 44(1996) 451-460

121. Kompozyt na osnowie aluminiowo-matrycowej wzmocniony węglikami krzemu". Materoznawstwo Wpływ wielkości cząstek wzmocnienia na przewodność cieplną Inżynierii 77 (1986) 191.

122. S. K. Varma, S. Andrews i G. Vasquez, "Corrosive wear behaviour of 2014 and 6061 aluminium alloy composites", J.of material science and performance, 8, No.1 (1999) 98-102.

123. G.S.Murthy, M.J.Koozak i W.E.Frazier, "High temperature deformation of rapid solidification processed/mechanically alloyed Al---Ti Alloys", Scripta metal 21(1987) 141.

124. Hongbo, i D.Hihara, L. H. "Localized Corrosion Current and pH Profile over B4C, SiC, and Reinforced Aluminum Composites in 0.5M Na2SO4 Solution," Journal of the Electrochemical Society 4 (2005) 152 .

125. YFlom i R.J.Arsenault "Failure behaviour of particulate-reinforced aluminium alloy composites under uniaxial tension", Mater Sci.Engg 38(1986) 31.

126. Idem "Review on TiC reinforced steel composites", Mater Sci.Engg. 77 (1986) 191.

127. A.H.H. Howes "Fundamentals of Mass Transfer in Gas Carburizing", J.Met 38 (1986) 28.

128. L.H. Hihara "Corrosion of Metal Matrix Composites", rozdział w ASM Handbook 13B:

129. A.Mortensen J.A.Cornie i M.C.Flemings idid "Fabrication of cast particle-reinforced metals via pressure infiltration", 40 (1988) 12.

130. V.C.Nardone i K.W.Prew "Aspekty wzmacniania i hartowania w metalowych elementach matrycy cząstek stałych", Scripta Metall 29 (1986) 43.

131. T.W.Chou, A.Kelly i A.Okura "A fibre coating process for advanced metal-matrix composites", Composites 16 (1986) P 187.

132. E.Koya, Y.Hagiwara, S,Miura, T.Hayashi, T.Fujiwara i M.Onoda, "Development of Al powder metallurgy Composites of Cylinder liners, MMCs. Library of congress catalog card No.93-87522,Society of Automotive engines", lnc(1994) 55-64.

133. M.K.Aghajanian, G.C.Atland, P.Barron-Antolin A.S.Nagelberg, "Fabrication and properties of MMCs for automative brake calipers alications MMCs library of congress", numer karty 93-87522.

134. J.Eliasson i R.Sanostorm "Rozwój i charakterystyka kompozytów na osnowie metalowej", kluczowe materiały Engga 104-107 (1995) P 3- 36.

135. M.K. Premkumar, W.H.Hunt Jr i R.R.Sawtell J.Metals July (1992) 93-87522, Soc of automotive Engines lnc (1994) 73-81.

136. P. P. Trzaskoma, E. Mccafferty i C. R. Crowe, "Corrosion Behaviour of SiC/Al Metal Matrix Composites", Journal of the Electrochemical Society, 1983, 130, No. 9, 1804-1809.

137. S.C.Sharma i S.R.Arun, "Wytwarzanie i ocena właściwości mechnicznych kompozytów stopów aluminium i szklanych cząstek stałych", Jr. of mater. Processing tech., 38, (1993) 381-386.

138. A.Alonso, A.Palines, J.Narciso, C.Garlica-cordavilla i E.Louis, "Ocena zwilżalności ciekłego aluminium z cząsteczkami ceramicznymi (sic, Tic i Al2O3) za pomocą infiltracji ciśnieniowej", Transakcje metalurgiczne -A, 24A, P 1423-1993.

139. Kuo.Chan i Cuen-Guen Chao, "Design and product optimization for cast light metals", Metall, Mater. Trans 26A (1995) 807.

140. D.J.Lloyd, H.Lagace, A.Mcleod i P.L.Mords, "The mechanical properties and microstructure of Al composite bar manufactured by using stone mill crushed rapidly solidified Al/Al2O3-TiC", Mater. Sci.Engg A 107 (1989) 73.

141. D.P.Mondal, S.Das i B.K.Prasad "Study of erosive-corrosive wear characteristics of an aluminium alloy composite through factorial design of experiments", Mater. Sci.Engg 217 (1998) P 1.

142. T.H.Yip i J.Wang "Finite element analysis about effects of particle morphology on mechanical response of composites", Mater.Sci.Tech 13 (1997) 125.

143. . P.Mondal, S.Das, A.K.Jha i A.H.Yegneshwaran "Właściwości ścierne stopu cynkowo-aluminiowego - 10% kompozytu Al2O3 dzięki czynnikowej budowie eksperymentu", materiałoznawstwo 223 (1998) P 131.

144. S.Kavecky and P.Sebo "Interface study of short mullite fiber reinforced Al-4.5Cualloy composites", J.Mater, Sci, 31 (1996) P 757.

145. L.Fang, Q.Zhou i Q.Li, "An explanation of the relationship between wear and material hardness in three-body abrasion", 219 (1998) P 188.

146. R.L.Devis, C.Subramaniam i J.M.Yellup, "Abrasive wear of Al alloy-Al2O3 particle composite: a study on the combined effect of load and size of abrasive", 201 (1996) P 132.

147. Specyfikacja normy ASTM ES-83, Roczna Księga Norm ASTM 03.01 (1993) P 130-144.

148. G.H.Bailey, "Chemia elementarna", Engg. 95(1912) 374 i 379.

149. Ebenso, E.E. "The inhibition of aluminium corrosion in potassium hydroxide by "Congo Red" dyeye, and synergistic action with halide jons", Bulletin of Electrochemistry, 19 (2003), 209.

150. Talati, J.D., Gandhi, D.K. "Methyl Orange as corrosion Inhibitor for carbon steel in well water", Corrosion, 40 (1984), 88.

151. Gikunoo i I. N. A. Oguocha, "Investigation of fly ash-aluminium alloyreaction using XRD and XFS", J. Lo, T. Nishino, S.V. Hao, H. Hamada, A.Nakai i C. Poon, Eds., Proceedings, 6th Joint Canada-Japan Workshop on . Composites, DES tech Publications, Inc., Pennsylvania, U.S.A., (2006), 387-396

152. L. Yao, G. Sasaki i H. Fukunaga, "Reactivity of Aluminium Borate Whisker Reinforced Aluminium Alloy", Materials Science and Engineering, 225A (1997), 59-68.

153. N. Izgaruishev, V. Jordanskii, i Metallschutz, "The Effect of Additives on Electrodeposition and Electrodissolution of Metals", corrosion 3, (1927) P 54.

154. H.Winkelman, "The Effect of Additives on Electrodeposition and Electrodissolution of Metals" Corrosion 2 (1927) P 49.

155. J.M.Bryan, "chemical engineering materials" 17 (1936) P 196.

156. R.B.Mears i R.H.Brown, "Prediction of Pitting Probability on 1050 Aluminium Environmental Conditions, lnd.Eng. Chem, 29 (1937), P 1087.

157. W.Stewart Patterson, i J.H.Wilkinson, "An Introduction to composite materials",J.Soc.Chem, lnd.", 57 (1938) P 445.

158. Mistrz F.A.Champion, Trans. Faredy "kinematyczna izotropowość i budowa izotropowego In. Advanced Composite Materials," Soc, 141 (1945) 593.

159. A.B.Mckee, i R.H.Brown, "resistance of Al to Corrosion in solutions containing various anions and cations", corrosion 3, No.12, (1947) 595.

160. Somashekar, i BMSR Kamath, "Właściwości ślizgowe cząstek cyrkonu wzmacnianych kompozytami ZA-27", 224 (1999) nr 1.

161. W.Beck. F.G.Kelhn, i R.G. Gold, "Studies on the influence of chloride jon and pH on the electrochemical behaviour of aluminium alloys 8090 and 2014", J.Electro Chem, Soc., 101 (1954) 393.

162. P.Muralidharan, J.B.Gnanamoorthy & P.Rodriguez, "Cast - Reinforced composites:, Corrosion Science, 38 No 7 (1996) 1187- 1201

O.Sverepa, i Werkst "Corrosion of Commercially Pure Al 99.5 in Chloride Solutions Containing Carbon Dioxide, Bicarbonate, and Coer Ions", Korros 9 (1958) 533.

164. K.F.Lorking, i J.E.O.Mayne, "Predicting Localized Corrosion in Seawater, October 2004", J.Al.Chem, (London) II, (1961) 170.

165. K. R. Narendranath, "Wpływ dodatku berylu na charakterystykę hartowania, odkształcania i pękania stopu aluminium-5 cynk-4magnez (A.I.I.Sc)", (1981) nr 22.

166. shang-shyng yang, ching-hsin ku, i yih-tsung lin "korozja mikrobiologiczna chromowanych stopów aluminium", Journal of Chinese corrosion Engineering, 10, No.2, (1996), 124- 137.

167. J. Datta, C. Bhattacharya i S. Bandyopadhyay, Influence of Cl-, Br-, NO3- and SO42- jons on the corrosion behaviour of 6061 Al alloy, Bulletin of Materials Science, 28(3), (2005) 253 - 258.

168. A. A. Ureina, P. Rodrigo, L. Gil, M. D. Escalera i J. L. Baldonedo, "Interfacial Reactions in an Al-Cu-Mg/SiCw Composite during Liquid Processing Part I Casting", Journal of Materials Science, 36 (2001), 419-428.

169. H.Boehni, Schweiz, Arch.Angew i Wiss."Chemical effecets in the corrosion of Al and Al alloys", Technoli, 36 (1970) 41.

170. J.F. McIntyre i T.S. Dow "Intergranular Corrosion Behavior of Aluminum Alloys Exposed to Artificial Seawater in the Presence of Nitrate Anion", Corrosion ume 48, Number 04 April, 1992.

171. F.D.Bogar, i R.T.Foley, "The electrode kinetics of pit initiation on aluminium," J.Electro Chem, Soc. 119 (1972) 462.

172. P.L.Bonora, G.P.Pozano, i V.Lorenzelli, Brit. "Zlokalizowana korozja aluminium i jego stopów," "Wpływ Corros. 9(1974) 112.

173. Rajan Ambat i Dwarakadass Proc. Drugiej Międzynarodowej Konferencji w sprawie Aluminium INCAL 91 (1991) 921-928.

174. J. C. Lee, G. H. Kim i H. I. Lee, "Characterization of Interfacial Reaction in (Al2O3)p/6061 Aluminium Alloy Composite", Materials Science andTechnology, 13 (1997), 182-186.

175. R.L. Deuis, L. Green, C. Subramanian i J.M. YellupM. "Corrosion Behavior of Aluminum Composite Coatings," Corrosion, ume 53, No. 11, (1997) 110.

176. Wesley L. Archer, Elbert L i Simpson "Chemical Profile of Polychloroethanes and Polychloroalkenes", Ind. Eng. Chem. Prod. Res. Dev, 16 (2), (1977) 158-162.

177. Brytyjczyk. "Korozja Aluminium" Podsumowanie literatury na temat korozji Al, która obejmuje pęknięcia naprężeniowo-korozyjne, mikrobiol. Korozja i ochrona katodowa", Corros. J., 3, (1968), 285-87.

178. H. R. Shakeri, i Zhirui Wang "Effect of alternative aging process on the fracture and interfacial properties of particulate Al2O3-reinforced Al (6061) metal matrix composite", Metallurgical and material transaction A, 33 No.6 (2002) 140-145.

179. J.D. Talati and B.M. Patel Chemical Effects in the Corrosion of Aluminum and Aluminum Alloys", Indian J. Technol, 8 (1970) 221.

180. Saxena et al., "Corrosion Characteristics of Aluminum Alloy Graphite Particulate Composite in Various Environments", J. of Materials Science 27 (1992) 4805-4812.

181. Trzaskoma, "Localized Corrosion of Metal Matrix Composites", The Minerals, Metals & Materials Society, 1991, 249-265.

182. Bhagat, "Squeeze Cast Metal Matrix Composites. Evaluation of their Strength, Damping Capacity and Corrosion Resistance," J. of Composite Materials, 23, Sep. 1989, 961-975.

183. Dutta et al., "Corrosion Behavior of a P130x Graphite Fiber Reinforce 6063 Aluminum composite Laminate in Aqueous Environments," J. Electro chem. Soc., 138, No. 11, Nov. 1991, 3199-3209.

184. G.Sui, J.M. Titchmarsh, G.B.Heys & J.Congleton. "Glass-reinforced metal composites", Corrosion Science, 39 No 3 (1997) 565 - 587Z. W.T,

185. Tsai, M.J.Sheu, & J.T.Lee "Reinforced composites review" Corrosion Science 38 No 1 (1996) 33 - 45.

186. J.Nayak i Hebbar "Zahamowanie korozji kompozytu T-6 poddanego obróbce 6061AloeSiCp w HCl", Int.Conference on metals & Alloys,Past,Present & Future METAllo-2007, 7-10.Dec.2007,IIT Kanpur.

187. Jameel A Abdul , NagaswarupaH.P., i KrupakaraP.V. "Corrosion characterization of Al 6061/Zircon metal matrix composites in acid chloride mediums by open circuit potential studies", International Journal of Alied Chemistry 5, Issue : 1, (2009) 140.

188. S. Rajasekaran, N.K. Udayashankar i J. Nayak "Erosion-corrosion behavior of Al-SiC metal matrix composites" A Review "Int.Conference on metals & Alloys,Past,Present & Future METAllo-2007, 7-10,Dec.2007,IIT Kanpur.

189. Madhav Rao, Govindaraju i P. A. Molian"Enhancement of wear and corrosion resistance of metal-matrix composites by laser coatings", J.Material Science, 29, No.12, (1994), 3274-3280.

190. C.S.Ramesh , R. Keshavamurthy, B.H. Channabasaa i Abrar Ahmed "Microstructure and mechanical properties of Ni-P coated Si3N4 reinforced Al6061 composites,"502,issues1-2 (2009) 99-106.

191. Li Guobin Sun Jibing, Guo Quanmei, Di Hemin, Lv Jianwei i Zhao Zhenyan "Wear of Al-Mg-Cu composite reinforced by in situ formation of ceramic", J. technologii przetwarzania materiałów, 170, numery1-4 (2005) 416-420.

192. M.Ruhle i A.G.Evans "Kompozyty na osnowie metalowej wzmocnionej cząstkami - przegląd" Mater Res.Symp process 120(1988) 293

193. Surappa M.K. i Rohatgi P.K., "Process for preparation of composite materials containing nonmetallic particles in a metallic matrix," Mat Tech Oct (1978) 358-361

194. Argon, JIm i R.Safoglu "The influence of micro structure on the Bauschinger effect in an Al-Si-Mg casting alloy," Metal Trans 6A (1975) 825

195. S.G.Fishman "Temperature effect on fracture behaviour of an alumina particulate-reinforced 6061-aluminium composite," J.mat 38 (1986) 26.

196. A.Mortensen M.N.Gungor J.A.Cornie i M.C.Flemings idid "Techniki przetwarzania kompozytów na aluminiową matrycę metalową wzmocnioną cząstkami", 38 (1986) 30

197. Ram B. Bhagat, Maurice F. Amateau , Kenneth C. Meinert i Paul Nisson "Elevated Temperature Strength, Aging Response and Creep of Aluminum Matrix Composites", Journal of Composite Materials. 26 (1992) 1578-1593.

198. Hongbo Ding i L. H. Hihara "Localized Corrosion Current and pH Profile over B4C, SiC And Al2O3 Reinforced Aluminum Composites in Artificial Seawater, in Corrosion in Marine and Saltwater Environments II, D.A. Shifler, T. Tsuru, P.M. Natishan, and S. Ito, Editors, PV 2004-14,The Electrochemical Society Proceedings Series, Honolulu, HI, 2004.

199. R.Mehrabrian, R.G.Reik i M.C.Flemings "Merging growth of metallic crystal in shear flow", Met Trans 5(1974) 1899.

200. H. Hihara and R.M. Latanision "Suressing Galvanic Corrosion in Graphite/Aluminum Metal-Matrix Composites," Corrosion Science, 34, No. 4, (1993) 655 - 665.A.

201. Ramesh , J. N. Prakash , A. S. Shiva Shankare Gowda i Sonnaa Aaiah "Comparison of the Mechanical Properties of AL6061/Albite and AL6061/Graphite Metal Matrix Composites,"J. of minerals and materials characterization and Engg. 8, nr 2, (2009) 93-106.

202. Sood, J., Tiwari, A. N. i Teredesai, A. "TiC-reinforced Al matrix composites", In.Proceedings of Second International Conference on Aluminium INCAL-91, 31 lipca-2 sierpnia 1991, 781-785 (Aluminium Association, Bangalore, Indie).

203. Ramadan J. Mustafa i Yassin L. Nimir, "A New Processsfor Manufacturing Continually Reinforced Aluminium Alloy MMC", Mu'tah Lil-Buhuth wad-Dirasat (Mu'tahJournal for Research and Studies), Natural and AliedSciences Series, 21, No. 2, (2006), 183-206.

204. Arsenault, R.J. and Fisher, R.M. , " Microstructure of fibre and particulate SiC in 6061 Al composites. Scripta. Met.17, (1983), 67-71.

205. M.J. Hadianfard i A. Jafari, "Investigation on Corrosion Mechanism of An Aluminum Alloy Reinforced With Silicon Carbide Metal Matrix Composite", Proceeding of 5th National and 4th International Chemical Engineering Congress, April 2000, Shiraz, Iran, 5-1 - 5-8.

206. M.J. Hadianfard, "Strengthening of Particulate Metal Matrix Composites Due to Grain Boundaries", Proceeding of the second Asian-Australasian Conference on Composite Materials (ACCM-2000), 18-20 sierpnia 2000, Korea.

207. M.J. Hadianfard i Y-W Mai, "In-situ SEM Studies on the Effect of Particulate Reinforcement on Fatigue Crack Growth Mechanism of Aluminum-Based Metal Matrix Composite",J. Mat. Sci, 30 (1995) 5335-5346.

208. M.J. Hadianfard, J. Healy i Y-W. Mai, J. "The Influence of Temperature on the Mechanical and Fracture Properties of a 20% Ceramic Particulate Reinforced Aluminium Matrix Composite", Mat. Sci. 29 (1994), 3906-3912.

209. Datta, C. Bhattacharya, S. Sinha i S. Bandyopadhyay - Electrochemical studies on heat-treatable Al-6061 matrix alloy in saline media", The Journal of the Institution of Engineers (India) 83, (2003), 79-83.

210. T. Das, PR Munroe i S. Bandyopadhyay "Some observations on mechanical and fracture properties of particulate matrix composites 6061 metal

composites", International J Materials and Production Technology, 19, Nos 3/4 , (2003) 218-227.

211. J.Dutta, C.Bhattacharya i S Bandyopadhyay, Wpływ jonów Cl-, Br-, NO-3 i SO42- na zachowanie korozyjne stopu 6061 Al," Bull. Złomek. Sci., 28, No. 3, (2005), 253-258.

212. Neih T G, i Karlak R F Charakterystyka starzenia b//4c wzmocnionego aluminium 6061. Scr. Metal. 25 (1984) 25–28.

213. L.H.Hihara "Galvanic Corrosion and Localized Degradation of Aluminum-Matrix Composites Reinforced with Silicon Particulate", J.Electro Chem Soc., 155, wydanie 5, (2008) C223-C226.

214. M. Gupta, F.A. Mohamed i E.J. Lavernia, "Processing of Al-Li-SiCp Materials Using Variable Co-Deposition of Multi-Phase Materials", Proceedings of International Symposium on Advance in Processing and Characterization of Ceramic and Metal Matrix Composites, H. Mostaghaci, ed., The Canadian Institute of Mining and Metallurgy, (1989) 236-253.

215. T.S. Srivatsan i E.J. Lavernia, "Synthesis of Particulate Reinforced Metal Matrix Composites using Spray Techniques", Processing and Manufacturing of Composite Materials, American Society of Mechanical Engineers, New York, PED- 49/MD- 27,(1992) 197-221.

216. G. Solovioff, E.J. Lavernia, E. Abramov i D. Eliezer, "An Electron Microscopy Study of the Hydrogen Effects in Al-Ti/SiCp Metal Matrix Composites", conference proceedings, Xth European Congress on Electron Microscopy, Granada, Spain, ume 2, EUREM 92, September 7-11. (1992) 329-330

217. H. Kim, X. Liang, J.C. Earthman, i E.J. Lavernia, "High Temperature Rupture Mechanisms in a Particulate Reinforced Intermetallic Matrix Composite", conference proceedings, Symposium on Processing, Fabrication and Performance of Composite Materials II , T.S. Srivatsan i E.J. Lavernia, eds., American Society of Mechanical Engineers, Winter Annual Meeting, Anaheim, CA, 1992.

218. K.T. Park, E.J. Lavernia i F.A. Mohamed, "High Temperature Deformation of 6061-Al Produced by Powder Metallurgy", konferencja, Advanced Synthesis

of Engineered Structural Materials, American Society for Metals, J. Moore, E.J. Lavernia, and F. Froes, eds., San Francisco, CA, 30 sierpnia - 2 września 1992.

219. Y. Wu i E.J. Lavernia, "Particle Fracture Behavior in Particle-Reinforced Intrinsic Metal Matrix Composites", High Performance Composites", The Minerals, Metals & Materials Society, Warrendale, PA, (1994) 321-334.

220. J. Wolfenstine, Y.-L. Jeng, E.J. Lavernia i R.W. Hayes, "Processing and Mechanical Behavior of Al-Rich Fe-Al Alloys", Light Weight Alloys for Aerospace Alications, E.W. Lee, N.J. Kim, K.V. Jata and W.E. Frazier, eds., TMS, Warrendale PA, (1995) 255-262.

221. L.H. Hihara, T.S. Devarajan, Hongbo Ding i G.A. Hawthorn "Corrosion Initiation and Propagation in Particulate Aluminum-Matrix Composites", referat 06T028, 2005 Tri Service Corrosion Conference, 14-18 listopada 2005 r., Orlando, Floryda.

222. Hongbo Ding i L. H. Hihara "Electrochemical Behavior of Boron Carbide and Galvanic Corrosion of Boron Carbide Reinforced 6092 Aluminum Composites", Electrochemical Society, 208th ECS meeting, Los Angeles, CA, 16-21 października 2005 r.

223. L.H. Hihara "Chapter 57 - Metal-Matrix Composites" w Podręczniku ASTM dotyczącym badań i norm korozyjnych: Alication and Interpretation, wydanie drugie, American Society for Testing and Materials International, accepted, 2003.

224. R. E. Shannon, P. K. Liaw, i W. C. Harrigan Jr., "Nondestructive Evaluation for Large-Scale Metal-Matrix Composite Billet Processing", Metall. Trans. A, 23A, (1992), 1541-1549.

225. Kuruvilla A.K., Bhanuprasad V.V., Prasad, K.S. i Mahajan, Y.R. "Effect of differentreinforcements on composite-rengthening inaluminium", Bull. Złomek. Sci., 125, (1989), 495-505.

226. R.B.Bhagat, A.H. Clauer, P. Kumar i A.M. Ritter, TMS, Warrendale, "Rozwój osnowy/zbrojenia dla kompozytów na bazie aluminium, W kompozytach na

osnowie metalowej i ceramicznej: obróbka, modelowanie i zachowanie mechaniczne", kompozyty 15 (1990) 13-22.

227. J.Arsenault, "The Strengthening of Al Alloy 6061 by Fiber and Plated SiC", Mater. Sci.Eng. , 64,(1984), P 171-181.

228. J. J. Lewandowski, C. Liu i W. H. Hunt, "Effects of Matrix Microstructure and ParticleDistribution on Fracture of an Aluminum Metal Composite", Mater. Sci. Eng. , A107, (1989). 241-255.

229. K. Komai, K. Minoshima i H. Ryoson, "Tensile and Fatigue Fracture Behavior and Water-Environment Effects in a SiC-Whisker/7075-Aluminum Composite", Comp. Sci. Tech. , 46, (1993), 59-66.

230. A.Rabiei, B.-N. Kim, M. Enoki, i T. Kishi, "Fracture Behavior in 6061 Al Alloy MatrixComposites with Different Reinforcements", Mater. Trans. JIM, **37**, (1996). 1148-1155.

231. Satoshi Ota, Hiroki Akamatsu, Koji Neishi, Minoru Furukawa, Zenji Horita i Terence G. Langdon "Low-Temperature Superplasticity in Aluminum Alloys Processed by Equal-Channel Angular Pressing", materials transactions, 43 No. 10, (2002) , 2364-2369.

232. Hiroyuki Hosokawa, Mamoru Mabuchi, Hajime Iwasaki i Kenji Higashi "The Critical Stress at the Interface for Cavity Nucleation in Superplastic Aluminum Matrix Composites Reinforced with Si3N4 Particles transactions," 43 No. 10, (2002) , 2415-2418.

233. D.M. Aylor, P.J. Moran, Effect of reinforcement in pitting behaviour of aluminium-based metal matrix composites, J. Electron. Sci. 132, (1985) P 1277.

234. M.Saxena, B.K.Prasad, T.K.Dan, "Corrosion characteristics of aluminium alloy graphite particulate composite in various environments," J. Mater. Sci. 27 (1992) P 4805.

235. O.P. Modi, M. Saxena, B.K. Prasad, A.H. Yegneswaran i M.L. Vidya, "Corrosion behaviour of squeeze-cast aluminium alloy-silicon carbide composites", J.Mater. Sci. 27 (1992), P 3897.

236. Elisa Maria Ruiz-Navas, Elena Gordo i Ricardo García "Opracowanie i charakterystyka materiałów gradientowych z kompozytów o matrycy 430L", Mat. Res. 8 nr 1. (2005)

237. G. M. Owolabi, A. G. Odeshi, M.N.K. Singh i M.N. Bassim, "Dynamic shear band formation in Aluminum 6061-T6 and Aluminum 6061-T6/Al2O3 composites", Material Science and Engineering A, 457 (2007) 114-119.

238. Sood, J., Tiwari, A. N. i Teredesai, A. "Kompozyty Al matrix wzmocnione TiC". In Proceedings of Second International Conference on Aluminium INCAL-91", 31 July-2 August 1991, 781-785 (Aluminium Association, Bangalore, India).

239. McDanels, D. L. "Analysis of stress-strain, fracture and ductility behaviour of aluminium matrix composites containing discontinuous SiC reinforcement", Metall. Trans. A, 16,(1985), 1105-1115.

240. Pillai, U. T. S. i Pandey, R. K. "Studies on mechanical behaviour of cast and forged aluminium graphite particle composites", Journal of Composite Materials 23, (1989) 108.

241. Smith, W. F. "Structure and Properties of Engineering Alloys", 2nd edn, McGraw-Hill, New York, 1993, P 566.

242. Sato, A. i Mehrabian, R. "Kompozyty na osnowie aluminiowej: produkcja i właściwości", Metal. Trans. B, 7, (1976), S. 443.

243. .K.G. Namboodhiri, "Corrosion of an aluminium alloy-mica particulate composite in 3.5% NaCl", Composites, 19, (1988), 237-243.

244. Adachi, H., K. Osamura i in. "Effect of Zr Addition on Dynamic Recrystalisation during Hot Extrusion in Al Alloys." Materials Transactions 46(2) (2005), 211-214.

245. Bartels, C., D. Raabe, et al. "Investigation of the Precipitation Kinetics in an Al6061/TiB2 Metal-Matrix Composite", Materials Science and Engineering A 237(1) (1997) 12-23.

246. W. Pinc, S. Geng, M. O'Keefe, i W. Fahrenholtz "Effects of acid and alkaline based surface preparations on spray deposited cerium based conversion

coatings on Al 2024-T3", AliedSurface Science, 255, Issue 7, 15   (2009), 4061-4065.

247. Rack, M.j. "Produkcja wysokowydajnych kompozytów na osnowie z aluminium w technologii proszkowo-metalurgicznej", Advanced Materials and Manufacturing Processes, 3(3)1988, P 327.

248. Gbosh, P.K. & Ray, S. "Effect of porosity andalumina coating on the high temperature mechanical properties of compocast aluminium alloy-alumina particulate composites", J. Materials Science. , 22, 1987, 4077-86.

249. McOaniels, D.L. i Hoffman, C.A. "Microstructure and orientation effects on properties of discontinuous silicon carbide / aluminium composites", NASA Tech Paper July 1984 P 2303.

250. Nakata, E.; Kagawa, Y. i Terao, M. "Fabrication method of SiC fibre-reinforced aluminium & aluminium alloy composites" Report of the Casting Research Laboratory, Waseda University, (1983) P 34.

251. Prasad, S. V. i Rohatgi, P .K. "Tribologicill properties of AJ alloy particle composites", Journal of Metals, 15 (1987) 22.

252. Rohatgi, P .K. "Kompozyty z osnową metalową". In ASM Metals Handbook," 15, Ed. 9. Metalpark, Ohio, 840.

253. S. Subramanian, "A Micromechanics Model for Predicting the Tensile Strength of Unidirectional Metal Matrix Composites", Journal of Reinforced Plastics and Composites, .16(8) (1997) 676 - 685.

254. Hongbo, D. i Hihara, L. H., "Localized Corrosion Current and pH Profile over B4C, SiC, and Al2O3 Reinforced 6092 Aluminum Composites in 0.5M Na2SO4 Solution", Journal of the Electrochemical Society 2005, 4, 152.

255. Seah, K.H. Sharma, i Krishna, "Damping Behavior of Al6061/Albite MMCs", J.ASTM W.3 (2006) 7h

256. Fang, C. C. Huang i T. H. Chuang "Synergiczne efekty zużycia i korozji dla wzmocnionych cząstkami Al2O3 kompozytów na osnowie aluminiowej 6061," Transakcja metalurgiczno-materiałowa A 30, nr 3, (1999) 641-653.

257. Ellenburg, MG, and Lackey, WJ, "Modeling of Thermal Stresses in Yttrium Aluminum Garnet and Alumina Fibers Coated with β″-Alumina", ASTM digital library, 21, NO.4, (1999), 9.

258. B.D. Venkatesh, D.L.Chen i S.D.Bhole, "Effect of heat treatment on mechanical properties of Ti-6Al-4V ELI alloy," Materials Science and Engineering A, 506(2009), 117-124.

259. A.H.Feng, D.L.Chen i Z.Y.Ma, "Effect of welding parameters on microstructure and tensile properties of friction stirded welded 6061 Al joints", Materials Science Forum, 41,(2009), 618-619.

260. A.R.Emami, S.Begum, D.L.Chen, T.Skszek, X.P.Niu, Y.Zhang i F.Gabbianelli, "Cykliczne odkształcenie stopu aluminium", Materials Science and Engineering A, A 516(1-2), (2009), 31-41.

261. Z.Zhang i D.L.Chen, "Prediction of fracture strength in Al2O3/SiC ceramic matrix nanocomposites", Science and Technology of Advanced Materials, 8 (2007), 5-10.

262. Z.Zhang i D.L.Chen, "Consideration of Orowan strengthening effect in particulate-reinforced metal matrix nanocomposites: A model for predicting their yield strength," Scripta Materialia, 54(7), (2006), 1321-1326.

263. M.C.Chaturvedi i D.L. Chen, "Microstructural characterization and fatigue properties of 2195 Al-Li alloy," Materials Science Forum, 519-521,(2006), 147-152.

264. Q.Zhang i D.L.Chen, "A model for low cycle fatigue life prediction of discontinuously reinforced MMCs", International Journal of Fatigue, 27(4), (2005), 417-427.

265. D.L.Chen i M.C.Chaturvedi, "Effects of welding and welding heat-affected zone simulation on the microstructure and mechanical behaviour of a 2195 aluminium-lithium alloy," Metallurgical and Materials Transactions A, 32, (2001), 2729-2741.

266. D.L.Chen i M.C.Chaturvedi, "Prawie progowe zachowanie w zakresie rozprzestrzeniania się pęknięć zmęczeniowych stopu 2195 Al-Li -

przewidywanie kierunku wzrostu pęknięć i wpływ wskaźnika naprężenia," Metalurgiczne i materiałowe Transakcje *A*, 31, (2000) 1531-1541.

267. M.C.Chaturvedi i D.L.Chen, "Influence of weld simulation on the microstructure and fatigue strength of 2195 aluminium-lithium alloy," Materials Science Forum, 331-337, (2000), 1769-1774.

268. D.L.Chen, M.C.Chaturvedi, N.Goel i N.L.Richards, "Fatigue crack propagation behaviour of X2095 Al-Li alloy," International Journal of Fatigue, 21(10) (1999), 1079-1086.

269. Y.M.Hu, D.L.Chen, H.H.Su i Z.G.Wang, "Electron channeling contrast technique in scanning electron microscopy alied to observation of dislocation structure", Chinese Journal of Materials Research, 11(3), (1997), 240-244.

270. M.C.Chaturvedi i D.L.Chen, "Microstructure and fatigue properties of welded 2195 Al-Li alloy, Proc. of the 8th International Fatigue Congress (Fatigue 2002)", redagowane przez A.F.Blom, Engineering Materials Advisory Services Ltd., West Midlands, U.K., 5 (2002), 3277-3284

271. D.L.Chen, B.Weiss, R.Stickler, D.Spoljaric i H.Danninger, "Badanie wytrzymałości na kruche pękanie materiałów z PM, Postępowania Światowego Kongresu Hutnictwa Proszkowego PM´94, Paryż, 6-9 czerwca 1994," Societe Francaise de Metallurgie et de Materiaux i Europejskie Stowarzyszenie Hutnictwa Proszkowego, Les Editions de Physique, II, 843-846.

272. D. Spoljaric, H. Danninger, D. L. Chen, B. Weiss i R. Stickler, "Influence of singular defects on the fatigue properties of low alloyed PM-steels, Proceedings of PM´94 Powder Metallurgy World Congress, Paris, 6-9 czerwca 1994", Societe Francaise de Metallurgie et de Materiaux and European Powder Metallurgy Association, Les Editions de Physique, II, 827-830.

273. C.H.Liu, D.L.Chen, H.A.Mang, B.Weiss i R.Stickler, "Numerical verification of stress distribution ahead of crack tip for finite-width center cracked specimens, Proceedings of Localized Damage III (Computer-Aided Assessment and Control)", Udine, Italy, 21-23 June, 1994, 359-366.

274. B.Weiss, D.L.Chen, R.Stickler, M.Nazmy i C.Noseda, "Effect of advanced fine grained technology on the static and cyclic properties of a Ni-base superalloy,

Advanced Casting and Solidification Technology," Konferencja COST-504 w Espoo, Finlandia, 12-13 września 1994, 425-443.

275. Becker, G.Fischer, R.Schäfer, D.L.Chen, B.Weiss i R.Stickler, "Fatigue and fracture of an advanced PM-aluminum alloy, Advances in powder metalurggy-1991", 59-74.

276. A.R.Emami, S.Begum, D.L.Chen, T.Skszek, X.P.Niu, Y.Zhang i F.Gabbianelli, "Cykliczne odkształcenie stopu aluminium", Materials Science and Engineering A, A516 (1-2), (2009), 31-41.L.

277. J. Ebert i P. K. Wright, "Mechanical Aspects of the Interface, in Interfaces in Metal Matrix Composites", A. G. Metcalfe (Ed.), Academic Press, New York (1974), 31.

278. R. F. Tressler, "Interfaces in Oxide Reinforced Metals, in Interfaces in Metal Matrix Composites," A. G. Metcalfe (Ed.), Academic Press, New York (1974), 285.

279. K. U. Kainer, "Alloying Effects on the Properties of Alumina-Magnesium-Composites, in Metal Matrix Composites- Processing Microstructure and Properties," N. Hansen et al. (Ed.), Risø National Laboratory, Roskilde (1991), 429-434.

280. C. Carre, V. Barbaux i J. Tschofen, "Proc. Int. Conf. on PM-Aerospace Materials," MPR Publishing Services Ltd, Londyn (1991), 36-1-36-12.

281. Z.Trojanova i M.Pahutova, Proceedings of [1st] International conference on composites characterization, Mat.Scie. & Tech., 8 (1992) P 52.

282. W.A.Badway i F.M. Al Kharafi, "The inhibition of corrosion of Al, Al 6061 and Al-Cu in chloride free aqueous media," Corrosion Science 39 (1997) 681.

283. R.C. Turner, G.J.Ross.Con.J.Chem 48 (1970) P 723.

284. P.C.R.Nunes i Ramanathan, "Corrosion behaviour of alumina-aluminium and silicon carbide-aluminium metal-matrix composites", 54 (1995) 610.

285. A. Wang i H.J.Rack, "Transition wear behaviour of Sic-particulate whisker reinforced 6061 Al metal matrix composites", Mat.Scie. & Engg., 147 (1991) 210-229.

286. A.J. Trowsdele, B.Noble, S.J.Harris, I.S.R. Gibbins, G.E. Thomson i G.C. Wood Corrosion Science 38 No.2 (1996) 177-191.

287. M.Skibo, P.L.Morris, "Cast reinforced metal matrix composites", ASM Int., (1988) 257

288. T.Das, P.Munroe S Bandyopadhyay, T.Bell, M.V.Swara "The inhibition of corrosion of Mg, Al-Sic composite. Mat.Science and. Tech 13 Scpt (1997).

289. Y.L.Liu and S.B.Kang "Acoustic method determine corrosion rate in AL6061alloy", 13 Mat.Sci and Tech 13 April (1997) 331.

290. S.R.Nutt, R.W. Carpenter, Anodisation testing in Al6061 reinforced composite", Mat.Science and Engg 75 (1985) 169.

291. K.D. Lore, J.S Wolf, "Noise test for corrosion behaviour analysis in Al-Cu whisker reinforced composite", Electro Chem Soc. Meetig Denver Col (1981) abstract No. 154.

292. D.M. Aylor, R.M. Kain Stress-strain determination in alloys", America Society of testig materials conferece in Hampton (VA (1984).

293. S.Piazza, G:Lo Biundo, M.C. Ramano, C.Sunseri, F.Dlquarto, Corrosion Science 40 No.7 1087-1108.

294. Baskin Y, "Russian castings production", Mat.Scie. 15(1972) 308.

295. K.E. Heulser "Fatigue behavior in Al6061-particulate reinforced composite", Corrosion Science 39 No.7 (1997) 1177-1191.

296. M.Saxena, B.K.Prasad, T.K. "mechanical damping method to study corrosion of Al6061 composite", Dan Jour of Mat.Scie, 27 (1992) 4805-4812.

297. M.R. Tabrizi, S.B.Lyon, G.E. Thompson i J.M. Ferguson. "Fatigue determination in composites", Corrosion Science 32, No 7 (1991) 733-742.

298. Umit Cocen, Kurzim Onel i Ismail Ozdemir Grain boundary corrosion in composites", Composite.Scie and Tech 57 (1997) 801-808.

299. Kim T.S., Kim T.H. i Lee H.I. "The Korea-Japan Symposium on composite materials", 1988.

300. S.C.Byrne in Al alloys - Physical and mechanical properties eds T.M.Sanders., E.A.Strake (Charlottesville, V.A. univ of Virginia (1986) 1095 - 1107.

301. J.A.Vanvechten, sixth International Symposium on passivity, solid state Electronics 33 (1990) 39 -52. (sulement)

302. P.K.Rohatgi,Guo, "Cast Aluminium-Fly ash composites for Engineering Applications", AFS Transactions, (1995) 575-579.

303. C.Monticelli, F.Zucchi, G.Brunoro & G.Trabanelli Corrosion Science 39 No 10-11 (1997) 1949-1963.

304. H.Vogt & M.O.Specidel, "Galvanic corrosion", Corrosion Science 40 No 2/3 (1998) 251- 270.

305. Z. Ahmad, B.J. Abdul Aleem, i A. Ul-Hamid "Effect of Al/SiC Interface and Intermetallic Particles on Elevated Temperature Corrosion of Hypoeutectic Al-Si-Mg Composites," corrosion, 60, No.10 (2004) 10.

306. Feng, C. Lin, J. Lin i J. Luo "Pitting behaviour of SiCp/2024 Al metal matrix composites", J.Material science,33, No.23 (1998)   5637-5642.

307. S.C.Sharma, "A study on stress corrosion behaviour of Al6061/albite composite in higher temperature acidic medium using autoclave", Corrosion Science, 43, wydanie 10, (2001) 1877-1889.

308. M.Puiggali, A.Zielinski, J.M.Olive, E.Renauld, D.Desjardins, & M.Cid. "Localised corrosion in Al6061 composites", Corrosion Science 40, No 4-5 (1998) 805-819.

309. G.S.Duffo & J.R.Galvele, Corrosion Science, "Different matrix used in reinforcement of Al 6061 Alloys", 39 No 10-11 (1997) 1915-1923.

310. A.Conde, B.J.Fermandez, J.J.De Dambornea, korozja wżerowa w różnych środowiskach korozyjnych", Corrosion Science 40 No 1 (1998) 91-102.

311. K.Kobayashi, M. II No, & T.Sakamoto, static corrosion characterization in reinforced metal matrix composites", Corrosion Science 38, No 5 (1996) 793-802.

312. C.M.Giordano, G.S.Duffo & J.R.Galvele, Corrosion Science, "Different matrix used in reinforcement of Al 6061 Alloys", 39 No 10-11 (1997) 1915-1923.

313. Model 352 Oprogramowanie do pomiaru i analizy korozji Soft Corr II, podręcznik użytkownika 118.

314. F.H. Stott, A.Martinez- Villafane & G.C.Wood w Proc 9th [Int].Congr on Metallic Corrosion, Toronto ont. June (1984) 3, 317-324.

315. D.M.Aylor, "Corrosion of Aluminum and Aluminum Alloys", w Metals Handbook, 9th ed.13 (Metals Park, OH: ASM 1987), 859

316. W. Hobner & G.Wranglen "bieżące badania nad korozją w krajach skandynawskich wykłady na 4 [Skandynawskim] kongresie korozyjnym Helsinki", Helsinki, listopad 1964 r. (red. J. Larinkari) 60-69; keskuslittory.

317. U.R.Evans "Korozja metaliczna, pasywność i ochrona" nauka o korozji 3 (1937) 33.

318. G.Akimov, [1.] komnata, New Int. Dupa. Testing Materials (Zurick) D (1930).

319. E.G.Bohlmana, F.A.Posey, US At. Energy Common ORNL (1965) 1430, 29.

320. H.Kaesche, Proc. [4th] Int cong. Met corros, N.E.Hamner, Ed, National Association of corrosion Engineers, Houston Texas, (1972) 15.

321. Księga Metali 5

322. Sidney H. Avner "Wstęp do fizyki metalurgii" Tata Mcgraw-Hill wydanie 1997, 14-67.

323. D.P.Mondal, Y.L.Saraswathi & S.Das, Processing of III Int. Cont ADCOMP (2000); 530.

324. T.Lyman, Metals Handbook Ed-7, -7, Metals Park; ASM (1972) 241.

325. R.R.Bowles, D.L.Macini, M.W.Toaz, Advance Composites, Latest Development in Processing of [2nd] Int/Conf on ASTM International Minnesota Ml (1990) 21

326. E. Breval, A. Bandopadhyay, R. T. Deb w Proc. z "Advances in Ceramic Matrix Composites" w Cincinati, OH (1993) 7

327. E.H.Hollingsworth & H.Y.Hunisiker, Metals Handbook, 9th Edn. -2 American Society for Metals (1979) 206.

328. W.A.Badawy & F.M.Al-Kharafi. Sliding wear behaviour in Mg alloy composites", Corrosion Science - 39(4) (1997) 681.

329. M.Skibo, P.L.Morris & D.J.Lloyd "Cast Reinforcement Composites". Eds S.G.Fishman, A.K.Dhingra, Materials Park, Oh, Asm Int (1988) 257. K. H. W. Seah, M. Krishna, V. T. Vijayalakshmi,

330. M.Skibo, P.L.Morris & D.J.Lloyd "Cast Reinforcement Composites". Eds S.G.Fishman, A.K.Dhingra, Materials Park, Oh, Asm Int (1988) 257.

331. K. H. W. Seah, M. Krishna, V. T. Vijayalakshmi, "Effects of temperature and reinforcement content on corrosion characteristics of LM13/albite composites". ume 44, Issue 4, April 2002, 761-772.

332. M.S.N. Bhat, M. K. Suraa i H. V. Sudhaker Nayak Zachowanie korozyjne kompozytów stopowych wzmacnianych cząstkami węglika krzemu 6061/Al Journal of Materials Science ume 26, number 18 January, 1991, 4991 - 4996.

333. V. T. Vijayalakshmi i J. Uchil "Corrosion behaviour of grannet particulate reinforced LM13 Al alloy MMCs".

334. A.Alonso, J.Narciso i E.Louis, "Evaluation of Wettability of liquid aluminium with ceramic particles by means of presuure infiltration," Metallurgical transactions .24A, (1993) 1423.

335. S.C.Sharma, S.R.Arun, "Fabrication and evaluation of the mechanical properties of alluminium alloy-glass particulate composites", J. of Mater.processing tech., 38, (1993) 381-386.

336.M.M.Buarzaiga, i S.J.Thorpe, "The influence of manganese on the microstructure and the strength of a ZA-27 alloy", Corro.Sci., 50, 18 (1994) 176.

337. U.T.S.Pillai i R.K.Pandey, "Studies on mechanical behaviour of cast and the forged aluminium grahite particulate composites", J.of composite Materials, 23, 11, (1989) 326.

338. Wu.Jianxin, Liu Wei LiPeng Xing & Wurenjie, "Effect of matrix alloying elements on the corrosion resistance of C /Al composites materials, Jr. of Mat.Sci. lett. 12, (1993). 1500-1501.

339.K.H.W.Seah, S.C.Sharma, & A.Ramesh, "Mechanical properties of cast6061 aluminium/albite particulate composites" Accepted for publication Mat. Des. & App.

340. Deo Nath i T.K.G. Namboodhiri, "Corrosion of an aluminium alloy-mica particulate composite in 3.5% NaCl", Composites, 19, (1988), 237-243.

341. Pugh,J.R. Galvale"Metale bierne", (ed. R.P.Frankenthal & J.Kruger) 285, 327; Prinaton, N.J. Electrochemical Society (1978).

342. J.F. McIntyre i T.S. Dow "Intergranular Corrosion Behavior of Aluminum Alloys Exposed to Artificial Seawater in the Presence of Nitrate Anion", Corrosion ume 48, Number 04 April, 1992.

343. C.Monticelli, F. Zucchi, G.Brunoro, G.Trabanelli , Corrosion and corrosion inhibition of alumina particulate/aluminium alloys metal matrix composites in neutral chloride solutions Journal of applied electreochemistry, , 27(3), (1997) 325-334

344. S. Venkat Prasat, R. Subramanian, Tribological properties of AlSi10Mg/fly ash/graphite hybrid metal matrix composites", Industrial Lubrication and Tribology, 65(6),(2009).399 - 408

345. D. Raabe, C. Bartels, Investigation of the Precipitation Kinetics In An Al606. 1/ TiB$_2$ Metall Matrix Composite, Max-Planck-Institut für Eisenforschung GmbH, dziennik on-line

346. A. Conde, B.J. Fernández, J.J. De Damborenea, Characterization of the SCCbehaviourof 8090 Al-Li alloy by means of the slow-strain-ratetechniquerosion Science, 40(1), (1998), 91-102

347. Sharma S C, Seah K H W, Girish B M. Wpływ sztucznego starzenia na twardość odlewanych kompozytów ZA-27/grafitowych paericulare. Mat.Des.16(6) (1995)337-341

348. Ibrahim I A, Mohamed FA i Lavernia E J. Kompozyty na metalowej matrycy wzmocnionej cząstkami - recenzja. Journal of Material Science. 26(5), (1991) 1137-1156.

349. Seah K H W, Sharma S C i Ramesh A. Właściwości mechaniczne odlewanych kompozytów aluminiowo-albitycznych 6061. Proc.Inst.Mech.Eng. 214(L) (2001) 1-6.

350. Fang LW. Jun D L, Hui Y, Rong YS, suche tarcie ślizgowe i właściwości ścierne kompozytów hybrydowych Al2O3 i krótkich włókien węglowych wzmocnionych stopem Al6061. Zużycie; 57(9-10): (2004) 930-940

351. Hongbo i Hihara D L H. Zlokalizowane prądy korozyjne i profil pH nad B4C, SiC i wzmocnionych kompozytów aluminiowych 6092 w 0,5M roztworze Na2SO4. Dziennik Towarzystwa Elektrochemicznego. 4 (2005) 152-159.

352. Rajasekaran S, Udayashankar N K i Nayak J. Erosion-corrosion behavior of Al-SiC metal matrix composites-A Review. Int.Conference on metals & Alloys, Past, present & future METAllo-2007. 7-10, Dec. 2007, IIT Kanpur

353. Hihara L H. Corrosion of Metal Matrix Composites. rozdział 3.23 w ASTM Handbook, 2250-2269

354. Beck W, Kelhn F G i Gold R G. Badania nad wpływem jonów chlorkowych i pH na zachowanie elektrochemiczne stopów aluminium 8090 i 2014. J.Electro Chem, Soc. 101(1954) 393-399.

355 Abdul Jameel A,. Nagaswarupa H P, Krupakara P V, Corrosion Behaviour of Al6061 / Zircon Metal Matrix Composites in Alkali Medium by open circuit Potential studies,Asian Journal of Chemistry, 22 (5) 3910-3916
356. Fontana, M.G. Corrosion Engineering, McGraw Hill Book Company Inc., Nowy Jork, (1987), 28-115.

357. Trzaskoma. Localized Corrosion of Metal Matrix Composites. Environmental Effects on Advanced Materials, Ed. R. H. Jones i R.E. Ricker. The Minerals, Metals & Materials Society. (1991) 249-265.

358. Ohsaki S, Kobayashi K i Sakamoto T. Charakterystyka korozji statycznej w kompozytach na wzmocnionej matrycy metalowej. Corrosion Science 38(5) (1996) 793-802.

359. Wu.Jianxin, Liu Wei LiPeng Xing i Wurenjie. Wpływ osnowy pierwiastków stopowych na odporność na korozję materiałów kompozytowych C/Al. J. Mat.Sci. lett. 12 (1993) 1500-1501.

360. McIntyre J F i Conrad R K.Wpływ stosowanych prądów stałych i przemiennych na zachowanie się korozji 90/10 Cu-Ni. Proc. z konferencji Tri Service 1989 na temat korozji. 477-488.

361. Hiroshi Asanuma, Satish B M, Girish B M i Rathnakar Kamath. Zużycie ślizgowe na sucho z krótkich kompozytów cynkowo-aluminiowych wzmocnionych włóknem szklanym. Tribology International. 31(4) (1998) 183–188.

362. Lucas, K.A., i Clarke, H., "Corrosion of Aluminium-based MMCs", Research Studies Press, Ltd., 19(16), (1993) 199-203.

363.Aylor,D.M., Moran,P.J., "Supressing galvanic corrosion in graphite/aluminium metal matrix composites", Journal of Electrochemical Society, 132 (1985) 1277 -1283

364. Tressler, R.F., "Interfaces in Oxide Reinforced Metals, in interfaces in Metal Matrix Composites," A.G.Metcalfe(Ed), Academic Press, New York (1974) 285.

365. Carre, C., Barbaux, V. i Tschofen, J., " Proc. Int. Conf. on PM-Aerospace Materials," MPR Publishing Services Ltd, Londyn (1991) 36-1-36-12.

366. Beck,W., Kelhn,F.G., i Gold, R.G., "Badania nad wpływem jonów chlorkowych i pH na zachowanie elektrochemiczne stopów aluminium 8090 i 2014", Journal of Electro Chemical Soceity, 101, (1954) 393.

367.McIntyre,J.F., i Dow,T.S., "Intergranular Corrosion Behavior of Aluminium Alloys Exposed to Artificial Seawater in the Presence of Nitrate Anion", Corrosion ume 48(4), (1992)

368. Badway,W.A., i Al Kharafi,F.M., "The inhibition of corrosion of Al, Al 6061 and Al-Cu in a free aqueous media," Corrosion Science 39, (1997) 681.

369. Rodriguez P, Gnanamoorthy J B i Muralidharan P. Odlewane kompozyty wzmacniane. Corrosion Science. 38(7) (1996) 1187- 1201.

370. N.Karni, G.B.Backay i M.Bamberger, J.Mat.Sci. Lett. 13, 541-544(1994)

371. K.H.W.Seah et.al. "Effect of artificial ageing on tensile strength of ZA-27 short glass fiber reinforced composite", Journal of the institution of engineers, Singpore, 38(4), (1998) 421-427.

372. J.M.G.DeSalazar, A.Urefia, S.Mazanedo i M.Barrens "Corrosion behaviour of AA6061 and AA7075 reinforced with Al2O3 particles in aerated 3.5%chloride solution potentiodynamic measurements and microstructure evaluation", Corrosion Science, vol. 41, 1999, str. 529-545.

373. J.E.castle, L.Sun i H. yan, "The use of scanning auger microscopy to locate cathodic centres in SiC/Al6061 MMC And to determine the current density at which they operate" Corrosion Science, vol. 36(6), 1994, pp1093-1110

ZAKRES PRZYSZŁYCH PRAC

1. Całe badania korozyjne przeprowadzone w ramach tych badań mogą być powtarzane z obróbką cieplną w różnej temperaturze dla tych samych kompozytów.

2. Właściwości mechaniczne takie jak UTS, wytrzymałość na ściskanie, moduł sprężystości, moduł Younga mogą być przeprowadzone na tych kompozytach w celu zbadania możliwości zastosowania tych MMC w zastosowaniach inżynieryjnych.

3. Te same kompozyty mogą być poddane próbie utleniania poprzez podgrzanie ich w różnych temperaturach, a przez usunięcie warstwy tlenku można obliczyć szybkość korozji według metody ubytku masy.

4. Kompozyty mogą być wystawione na działanie atmosfery przez różną liczbę dni, od 10 do 45 dni na wolnym powietrzu, a produkty mogą być usuwane, można obliczyć utratę masy i szybkość korozji.

Printed by Books on Demand GmbH, Norderstedt / Germany